Social Firm by Agriculture

# 農福一体のソーシャルファーム

## ～埼玉福興の取り組みから～

*Arai Toshimasa*

**新井 利昌**

創森社

春先のタマネギ畑

# ソーシャルファームとしての一歩～序に代えて～

1993年のある日、父親といっしょに知的障がい者とともに暮らす生活寮を始めた。当時、19歳の私は突然、障がい者と生活をともにするようになり、今年（2017年）で24年目を迎える。一人っ子で兄弟もいない私は、それまで、障がい者にたいする何の知識もなく、特別な思いがあるわけでもなかった。すべてが何もわからない状況のなかで、「ともに生きる」という生活が始まった。

自分が生きていくためには、未知の福祉という世界でやるしかない状況に投げ込まれたのだ。しかし、「福祉とは」「障がい者とは」などということをまったく知らないまま、まずは実践ありきで必死に取り組み、生きてきたことから、ソーシャルファームという概念に自然にたどり着くことができた。

ソーシャルファーム（Social Firm）のソーシャル（Social）は「社会的な」という意味で、ファームは農場のFarmではなく企業の意味のFirmだ。つまり「ソーシャルファーム」とは「社会的企業」のこと。わかりやすく言えば、「障がい者や、通常の労働市場では仕事の見つかりにくい人たちのために、市場原理に基づく通常のビジネス的手法を基本に、仕事を生み出し、また、支援つき雇用の機会を提供することにも重きを置いたビジネス」というこ

オリーブ畑でくつろぐヤギ

とになる。

出資者のための利潤追求を目的とはせず、社会的使命達成のために設立されるソーシャルエンタープライズ（Social Enterprise 社会的企業）とも重なる。

障がい者のほかに、「通常の労働市場では仕事の見つかりにくい人たち」とは、罪を犯した者（触法者）、難病を患う人、長期失業者、ＤＶ（Domestic Violence 家庭内暴力）被害者、シングルマザー、引きこもり、ニート（就職も教育・訓練も受ける意志がなく、やるべきことがわからずにいる若者）、虐待の環境のなかにいる若者、若年性認知症の人、高齢者などだ。これらの人々に働く場をつくり、だれでも「居られる」場所を提供するのがソーシャルファームの特徴だ。

ソーシャルファームにおける就労は、一般的就労（一般企業で働くこと）でもなく、福祉的就労（国からの報酬を得て、障がい者のために、就労・就労訓練の機会を提供する事業所で働くこと）でもない。両方の就労形態を超えた「第３の就労形態」といえるだろう。ちなみに、現時点（２０１７年）で、ソーシャルファームという定義や公的な制度、法人格があるわけではない。

ソーシャルファームが始まったのは１９７０年代後半の北イタリア、トリエステ。当時、精神医療制度改革が進められるなか、トリエステの精神病院に入院していた患者たちが病院

タマネギの種まき作業

を出て、働きながら通院治療が受けられるような労働環境が求められた。そこで、精神病院の職員と元入院患者とによって創設されたのが社会的協同組合（Social Cooperative）だった。それがソーシャルファームの原型とされている。

その後、ソーシャルファームは世界的に広がりをみせ、ドイツ、ギリシャ、フィンランドなどでは、ソーシャルファームに関する法律も整備されている。

日本でも、２００８年に厚生省（当時）社会・援護局長、環境省事務次官などを務めた炭谷茂さんによってソーシャルファームジャパンが設立された。そして、２０１４年からは年に一度、「ソーシャルファームジャパンサミット」が開催されるまでになっている。

私は、ソーシャルファームの理念と実践こそが、これからの社会に必要不可欠なものだと思っている。そこに、未来を生きる若者たちのめざす場所があり、希望の場があると、最近、思うようになってきた。

障がい者と24時間３６５日、人生をともに過ごし、たくさんの困難に遭遇するなかから、「障がい者とは」「人間とは」何かを学んできた。彼らの「死ぬまでの人生」にかかわることで、「人間として大事なこと」を学びながらここまでくることができた。

「障がいがあるからできない」「障がいがあるから助けてあげないとね」とはよく聞く言葉だ。しかし、仕事に関しては「障がい者」と「健常者」のあいだに「垣根はない」と思っている。障がい者の「生涯を過ごす時間の流れ」である「生活」をしっかりと支えることで、「働

タマネギ苗を植えつける

である。

く」＝「人生でいちばん輝くステージ」へ押し上げる。それが、我々のいちばん大事な使命

すべてが「出会い」から始まり、「出会い」でここまでこられた。出会いは人だけではなく、農業であり、国のすばらしい制度であり、何千年も生き続けているオリーブだった。また、ソーシャルファームという概念であり、先人たちの想いだった。

私の尊敬する松下幸之助さん（パナソニックグループ創業者）は、エッセイ「心をひらく」（『続・道をひらく』ＰＨＰ研究所）のなかで次のように言っている。

「どんなに賢い人でも、一人の知恵には限りがある。どんなに熱心な人でも、一人の力には限度がある。（中略）まず一人ひとりが、一人の知恵、一人の力に限りのあることを素直に認め、だからみんなの知恵と力とをぜひとも集めねばならぬのだという素直な強い思いにあふれているかどうかである。（中略）心をひらき合おう。人みなの知恵と力とを自由に伸び伸びと発揮できる信頼の場をつくろう。そこに繁栄への道がある」

私は、松下幸之助さんが表現した世界をソーシャルファームで実現したいと思う。

今後とも、世界のなかで、「存在感のある日本のソーシャルファーム」をめざし、それを次の世代につないでいきたい。福祉と出会い、農業と出会い、農福連携の延長線上で、農福連携より一歩踏み込んだかたちの農福一体でソーシャルファームを運営してきた実践を、多くの出会いへの感謝を込めてたどってみたい。

グリーンケアハウスを設置

さて、本書を執筆し、上梓するにあたり、これまで多くの障がい者の寮生たちとともに暮らしてきて、福祉や人間としての生き方などについていちばん大事なところを学ばせてもらってきたことを真っ先に記しておく。また、上も下も右も左もわからないなか、多くの先達、師匠に適切に導いていただいた。なお、折々に現場での困難なケースを受け止めてくれたり、各地を飛びまわれるようにしてくれたりしているすべてのスタッフ、家族にも支えられてきた。併せて記してお礼申しあげます。

さらに、ここにお名前をあげきれない多くの福祉、障がい者雇用・就労、農業、司法、ソーシャルファーム、オリーブ分野のみなさん、取引先の関係者の方々、日ごろから応援していただいている地域のみなさん、視察や講演などで出会い、お世話になったみなさんにも感謝申しあげます。最後に農業部門を分析・検討してサポートしてくれた小川真如(まさゆき)さん、また、版元の相場博也さん、原稿取りまとめの協力者である古庄弘枝さんをはじめとする編集関係の方々にも謝意を表します。

２０１７年　初霜

埼玉福興㈱　新井利昌

## 第3章 農産物の生産・販売を軌道にのせるために

## 第4章 オリーブ農園の開設でともに働く場を創出……87

## 第5章 ソーシャルファームによる事業の新たな展開

## ・MEMO・

◆本文中で法令、引用文、団体名など一部の固有名詞、図表を除き、障がい者、障がいの表記を採用しています

◆カタカナ専門語、英字略語、難解語については、主に初出の（　）内で語意を述べています

◆著者の家族、親族など一部の方の敬称を略しています

◆埼玉福興グループは「ともに働き、ともに生きる」ことを打ち出しており、特別な例を除いて写真を非公開にしていません

◆本文中に登場する主な団体、組織などの連絡先は、巻末インフォメーションで紹介しています

収穫直後のタマネギ

デザイン―――塩原陽子
ビレッジ・ハウス
写真―――埼玉福興（新井利昌）ほか
製品デザイン―――ラボラトリオ・ザンザラ（イタリア）
NAOKO（奥村奈央子）
編集協力―――新井紀明
校正―――吉田 仁

第１章

# ともに働き
# 生きていくということ

キャベツの植えつけ作業

# 受け入れる人を選ばない

## 多彩な障がい者の人生

「アルコール中毒」「覚醒剤」「風俗」「借金取り」「拉致」「強姦」「水死体」「偽名」「宗教団体」「駆け落ち」「SARS（重症急性呼吸器症候群）」「銃刀法違反」「虐待」「少年院」「刑務所」「窃盗」……。

これらの言葉から読者のみなさんは何を想像するだろうか。これは、これまで私がともに暮らしてきた障がい者にかかわりのある言葉ばかりだ。彼らの人生の多彩さを感じてもらうため、あえて並べてみた。

現在、私が代表を務める埼玉福興グループがスタートしたのは、障がい者の生活寮である年代寮をはじめた1993年だった。そのときから、私は、それまで会ったことのない知的障がい者の人たちと、突然、生活をともにすることになった。障がい者とともに生きる人生のスタートだった。

1993年からの数年間は過酷をきわめた。障がい者の障がいの程度やいろいろなトラブルを抱えるケースがあるなか、福祉施設ではとても受け入れられないような困難なケースをも受け入れてきた。

ある社会福祉法人の知人に、「介護施設を探すまでの間だけ、ほんのしばらく預かって」とお願いされて、60歳代の女性を引き取ったことがあった。彼女は、当時、関係者の間では「浅草一のワル」と呼ばれていた女性。梅毒で脳が侵され、暴れ出すと「殴る・蹴る」で手がつけられないほど凶暴だった。彼女を引き受ける介護施設はなかなか見つからず、「ほんのしばら

家路につく年代寮の寮生たち

く」のつもりが、結局、4年間預かることになった。

当時は「受け入れる人を選ぶ」という意識も知識もなく、「自分たちが生きるために人を選べない」現実があった。

しかし、「受け入れる人を選ぶ」という選択をしてこなかったからこそ、冒頭に記した言葉のように多彩な人生を送る障がい者の一人ひとりに対峙できるようになった。今でもこのスタンスは変えていない。「人を選んでいたら福祉ではない」と思っている。

## 「埼玉福興グループ」の概要

現在（2017年）、埼玉県と群馬県で展開している「埼玉福興グループ」の事業概要を簡単に紹介したい。

埼玉県にあるのは埼玉福興株式会社（熊谷市）とNPO法人グループファーム（熊谷市）。

埼玉福興株式会社（1996年設立）の事業内容は、「障がい者施設の管理・運営」「農業生産法人として農産物の生産・販売」「障がい者などの自立支援サポート」など。同社は埼玉福興グループの親会社的存在だ。役員を除く従業員は10名（うち、重度知的障がい者1名、精神障がい者1名、元ニート1名）。

「福興」という名前には「福祉を興す」という意味が込められている。

NPO法人グループファーム（2003年設立）は、生活寮である年代寮（定員34名、スタッフ5人）と、就労継続支援B型事業所オリーブファーム（定員30名、スタッフ7人）を運営している。

年代寮の年代とは、寮のある地域の小字（こあざ）名である。また、就労継続支援B型事業所とは、就労継続支援B型事業を行う事業所のことである。

「福祉的就労」系の事業は、2006年施行の障害者自立支援法（現、障害者総合支援法）で制度化され、「就労移行支援事業所」、「就労継続支援A型事業所」、「就労継続支援B型事業所」の三つがある。

**就労移行支援事業所**　就労移行支援事業所（以下、支援事業所）とは、企業などへ一般就労を希望する65歳未満の障がい者にたいして、最長2年間の就労訓練を行うというもの。

**就労継続支援A型事業所**　就労継続支援A型事業所（以下、A型事業所）とは、企業などで雇用されることが困難であったが、就労を希望する障がい者にたいして、就労および就労訓練の機会を提供するというもの。この場合、期間の設定はないが、事業者は最低賃金以上を支払い、障がい者と雇用契約を結ぶことが義務づけられている。

A型事業所は2017年3月末で約6万60

タマネギの収穫作業

００人が利用し、平均賃金（２０１５年度）は１か月当たり約６万８０００円となっている。

**就労継続支援Ｂ型事業所**　就労継続支援Ｂ型事業所（以下、Ｂ型事業所）とは、企業などでの雇用やＡ型事業所での就労などが困難か、あるいは従事したが就労が困難であった障がい者にたいして、就労および就労訓練の機会を提供するというもの。Ａ型事業所と同じく、期間の設定はないが、事業者は障がい者と雇用契約を結ぶ必要はない。

Ｂ型事業所の平均工賃（２０１５年度）は、１か月当たり約１万５０００円となっている。

グループファームの農場は畑が４・４ha（すべて借り入れ）。内訳は露地野菜が３ha、水耕栽培が20ａ、苗床が20ａ、オリーブ園が１haとなっている（**表１－１**）。

群馬県にあるのは、ＮＰＯ法人 Agri Firm

**表1―1　埼玉福興グループの組織概況**

| 所在地 | 組織名 | 設立年月 | 従業員数 | スタッフ | 利用者数 |
|---|---|---|---|---|---|
| 埼玉県 | 埼玉福興株式会社 | 1996年5月 | 10人 | — | — |
| | NPO 法人グループファーム | 2003年2月 | — | — | — |
| | 　年代寮 | 1993年4月 | — | 5人 | 30人 |
| | 　オリーブファーム | 2009年6月 | — | 7人 | 30人 |
| 群馬県 | NPO法人Agri Firm Japan | 2013年7月 | — | — | — |
| | 　ホームクラリスⅠ | 2016年5月 | — | 4人 | 8人 |
| | 　ホームクラリス | 2016年2月 | — | 3人 | 7人 |
| | 　クラリスファーム | 2016年2月 | — | 4人 | 17人 |
| | 三成の家（信開産業株式会社） | 2014年2月 | — | 12人 | 15人 |

注：①農場は埼玉県で4.4ha、群馬県で1.8haを手がける
　　②信開産業（株）「三成の家」の設立年は、子会社化した年月を示した

Japan（登記名はアグリファームジャパン）と信開産業株式会社。

ＮＰＯ法人Agri Firm Japan（２０１３年設立）は、二つのグループホームのホームクラリスⅠ（定員10人、スタッフ4人）とホームクラリス（定員7人、スタッフ3人）、さらにB型事業所クラリスファーム（定員20人、スタッフ4人）を運営している。ちなみにクラリスとは、「明るい」とか「清らか」、「クリア＝明晰。はっきりとする。障がいを越える」という意味だ。

２０１７年7月からは、相談支援事業所くらりすと、放課後等デイサービスのクラリスジュニアも始めた。

農場は畑が1・8ha（すべて所有）。内訳は露地野菜が80a、オリーブ園が1haとなっている。

信開産業株式会社は、２０１４年にグループ子会社化した会社で、小規模多機能型住居介護施設三成の家（定員29人、うちデイサービス19

植えつけ13年目のオリーブ畑

人、スタッフ12人）を運営している。

埼玉福興グループが歩んできた24年間は、障がい者や社会的弱者の「生活の場」を拡大し、「働く場」の確保を「農業」に求め、彼らの人生を丸ごと支援するために、小規模多機能型住居介護施設を確保し、相談支援事業所や放課後等デイサービスまでも設立してきた歴史といえる。

## グレーゾーン「重複障がい」の増加

私のもとにはさまざまな相談が寄せられるが、最近は、「区分ができないケース」「福祉制度の隙間でどうにもならないケース」がたくさん出始めている。

障がいの程度区分でいえば2から5まで（区分は1～5まである）だが、「単純な障がい」というケースはほとんどなく、ほとんどが重複障がいである。

以下に相談されたケースの特徴、そこで感じた私の感想などを列挙しておこう。

- 「障がい者手帳」が必要なのか必要でないのかのグレーゾーン
- 親は高齢、子どもも高齢で引きこもり。親子共倒れパターンによる、障がいの重度化の深刻なケース
- 「精神障がい」と「知的障がい」と「発達障がい」の重複障がい
- 「障がい者手帳」はあるが、「福祉制度では対応できない障がい者」が増加
- 「軽度の障がい者」の生き方に、現行の福祉制度が対応できていない
- 「しっかりフォローしてあげないといけない障がい者」の居場所が足りない
- 親のエゴで「障がい者」になってしまうケースが多い
- 「貧困が原因」でおにぎりを盗むしかない環境で、「犯罪者としてしか生きていけない障がい者」もいる
- 精神薬を飲みすぎて暴れることしかできない障がい者もいる
- 介護される立場だが、杖でぶん殴ることでしか自分の思いを表現できない障がい者もいる
- 「発達障がいにたいする社会の理解」がなく、そのために荒れてしまい、大きな犯罪を犯してしまったケース

これらの相談は、障がいのありさまがひと昔前とは、大きく変わってきていることを痛烈に感じさせる。環境の変化、社会構造の歪みが大きな原因だろうか。

しかし、我々はどんな困難なケースであっても、「助けなければならない人」がいれば、相談にのり、たとえ短期間であっても受け入れて

雨が降るなか、寮生たちは仕事場へ向かう

きた。「いっしょに次の方向を考える場所」が必要だからだ。

## どこにも行くところがない人

まず、最近の入寮者に多い象徴的なケースを紹介しよう。

２０１７年の初めに来た大木由美さん（仮名）は、「精神障がい」「知的障がい」「発達障がい」がある26歳の女性。父親の仕事の関係からニューヨークで生まれ、香港で育った一人っ子。母親は健在だが、ベビーシッターに育てられ、何でもしてもらう環境で育ったようだ。

来た当初は「ありがとう」という言葉が言えず、言えるまでに1時間半かかった。ドアの開け閉めもできない状態だった。さらに、人を見下すような態度が多く、とくに女性を「上から目線」で見ては、蹴飛ばしたりなどの暴力が多かった。

そのためか、ここに来る前は福祉施設には入居させてもらえず、重度の犯罪者が入るような終着的な施設にいた。

母親から電話があったとき、私は「一度、見学に来てもらってから、相談しましょう」と言った。ところが、彼女は私のいないときに一方的に年代寮を訪れ、由美さんを「置きっ放し」にして帰ってしまった。

そんな経過があったので、私は母親に、「福祉的なアプローチはしないからね」ということで、試験的に預かることにした。由美さんは年代寮で寝泊まりしながら、オリーブファームやオリーブの林のなかを歩き回って生活していた。

しかし、あるとき、地域の洋装店で店員の女性を蹴飛ばして騒ぎを起こしてしまった。「次にやったら、もうここには居られないよ」ということで現在（半年経過）に至っている。

由美さんのケースは世の中でいちばん大変なケースだ。どこにも居場所がないからだ。彼女のような重複障がいをもつ人が増えている。

しかし、傷害事件さえ起こさなければ、農業が嫌いで働かなくても、働けなくても、ここには、ぶらつけるオリーブの林という居場所がある。

## 肝心要の生活の場と働く場

### 年代寮には18歳から73歳まで

年代寮に住む障がい者や社会的弱者といわれる人たちは、現在、18歳から73歳までの30人。過去には82歳の高齢者までを受け入れたこともあった。

受け入れた人たちは、「知的障がい者」「精神障がい者」「身体障がい者」「発達障がい者」「触法障がい者」「引きこもり」「若年浮浪者」「認知症」「若年性認知症」「難病者」「ニート」「歌舞伎町で捨てられた中国の女性」などだ。

最近では、親からの虐待や親の精神病、親の自殺などから養護施設に入れられ、そこで育った障がい者の受け入れも始まっている。

年代寮には、１９９８年から在籍している小田徹さん（仮名）という70歳になる知的障がいのある男性がいる。

彼の在籍歴は20年だが、実質、寮にいたのは10年間だ。たびたび寮から逃亡し、行方不明になるからだ。「今、めんどうを見ているから金をよこせ」などと借金取りから連絡があったりしたときに、彼の居場所が知れる。

昔は飯場などの仕事があったので、それなりに自分で稼げていたが、最近は貧困ビジネスの餌食となっているようだ。偽名を使って生活保護をもらわされ、お金を巻き上げられているのではないかと推察している。

最近は昔に比べ福祉の環境も良くなったが、半面、制度を悪用した貧困ビジネスの弊害が増えている。20年にわたる徹さんの逃亡先の変化は、社会の裏側の変化を教えていることもあって、心配だが興味深い面もある。２０１７年９月現在も、彼は逃亡中だ。

## 生活がいちばん大事

さまざまな相談ケースから痛切に思うのは、絶対的に「生活が大事だ」ということだ。「着るもの」「寝る場所」「食べもの」が保証された「生活の場」がいちばん大事だ。

そんな生活の場である年代寮の方針は、「家族として生きる（家族というかたち）」である。埼玉福興グループのテーマの一つでもある。

孫がいて、子どもがいて、親がいて、おじいちゃん、おばあちゃんがいる。疑似家族としてできることはすべて自分でして、同じ空間と時間をいっしょに生きることだ。

我々は、今でこそ組織として動けるようになっているが、設立当時は人を雇うことなどできず、「今ここにいる人間だけ」ですべてを行うしかなかった。

喧嘩や警察沙汰、救急車騒ぎ、酒のトラブルなどは日常茶飯事だったが、生活するうえで必要なことは、障がいのある人たちと手分けをしてやっていた。これが今も変わらない、いちばんの基本である。

食事は寮母を務める母（新井松江）がつくるが、掃除や洗濯は寮生で行う。洗濯物を集める係、洗濯機のボタンを押す係など、一人ひとりが特性に応じて分担している。自分のことは自分でやる。やれない人がいれば代わってやっておく。やってもらった人は感謝する。

基本的に、障がいのある人たちだけで生活してきた組織であるため、遠慮がないぶん、自由がある。寮生は、みんな家族として「生きる仲間」だ。福祉でいちばん大事なのは、「なにより安心して暮らせる生活の場があることだ」と実感している。

## 「働く幸せ」をもたらす

家族というかたちと並ぶ埼玉福興グループのもう一つのテーマが「(障がいがあっても）労働の主体となって働く」ということだ。

「働く」ということには、単にお金を稼ぎ、経済的自立を可能にするということ以外に、個人と社会をつなぐ役目がある。人が社会から孤立することを防ぐために、仕事は大きな役割をもっている。

そして、「人間の幸せ」も働くことによって

「いいのできたよ」とハクサイを持ち上げる

得ることができる。

日本における重度の障がい者の雇用を最初からつくってきた全国重度障害者雇用事業所協会（以下、全重協）初代会長の大山泰弘さんは、その著書『働く幸せ　仕事でいちばん大切なこと』（WAVE出版）のなかで、次のように述べている。

「人は仕事をすることで、ほめられ、人の役に立ち、必要とされるからこそ、生きている喜びを感じることができる。（中略）そして、仕事は『愛』までも与えてくれます」「私は、会社とは社員に『働く幸せ』をもたらす場所だと考えています」「私は仕事でいちばん大切なのは『働く幸せ』だと考えているのです」

ちなみに、大山さんが会長を務めるチョーク製造会社の日本理化学工業㈱は、１９６０年に二人の知的障がい者を雇用して以来、一貫して障がい者雇用を推し進め、２００９年現在、社員74人のうち53人が知的障がい者（障がい者雇用率約70％）という会社だ。

我々は年代寮で、福祉施設では受け入れてもらえないような困難ケースの人も受け入れている。そのため、「働ける人」を選ぶことはできない。どんな困難ケースの人でも働ける場を、一人ひとりに合わせてつくり、彼らの「働く幸せ」をもたらさねばならないと考えている。

## 社会的弱者は約2000万人

ソーシャルファームは、「労働市場で不利な立場にある人々の雇用を創出するための社会的企業」である（**図1・1**）。

しかし、障がい者、高齢者、触法者など社会的弱者の就労の実態となると問題点が山積しており、ソーシャルファームを増やしていくことが急務となろう。

2008年にソーシャルファームジャパンを立ち上げた炭谷（すみたに）茂さん（社会福祉法人恩賜財団済生会理事長）は、NPO法人コミュニティシンクタンクあうるず編『ソーシャルファーム～ちょっと変わった福祉の現場から～』（創森社）のなかで、次のように指摘している。

「社会的弱者」（身体障がい者、知的障がい者、精神障がい者、高齢者、ニート、引きこもり、刑務所出所者、母子家庭の母親など）は国内に最低でも約2000万人（人口の約15％）おり、彼らは「適切な仕事に就けない状況に陥っている」と。

さらに、「精神障がい者」で働いている人は17％、「知的障がい者」の雇用率は50％を超えているが、大半が「福祉の施設での雇用」（福祉的就労）だと指摘する。

また、同書のなかで、上野容子さん（東京家政大学人文学部教育福祉学科教授）は、

**図1−1　ソーシャルファームの一般概念**

Social Firm（社会的企業）とは

労働市場で不利な立場にある人々の雇用を
創出するための社会的ビジネススキーム

具体的には

ヨーロッパ発祥の「ソーシャルエンタープライズ（社会的企業）とも重なる。社会的な目的をビジネス手法で行い、その事業活動で得た利益を事業に再投資するかたちで社会的目的を実現させる。
ソーシャルファームは、就労困難者の人々のために仕事を生み出し、また支援つき雇用の機会を提供することに焦点を置いたビジネスである。

「A型事業所の利用者の賃金の平均月額は7万2000円、B型事業所のそれは1万4000円」と記している。

障がい者のほとんどが職業の選択肢もなく、7万2000円か1万4000円の賃金で働いているという現状が浮かび上がっている。

そして最低でも約2000万人いるという社会的弱者の雇用をどうするのか。

その解決に向けては、我々もその一員であるソーシャルファーム（社会的企業）がさらに増え、社会的弱者が生涯働ける場所を提供することだろう。

前記の炭谷さんは、約2000万の社会的弱者の雇用を確保するためには、最終的には全国に2000社のソーシャルファームが必要だと述べている。

# 農福一体で「働く」を支援

## 農業分野で働く

埼玉福興グループでは、障がい者が寮やグループホームなどで生活をともにしながら、農業という分野で仕事を覚えたり、得たりして「働く」ことを支援している（図１‐２）。

支援の内容は、主としてB型事業所のオリーブファームやクラリスファームで水耕栽培をしたり、畑で働いたり、オリーブの手入れをしたりすることなどだ。

そのなかから、企業で働けると判断した障がい者は埼玉福興㈱で雇用をしている。２０１７年現在、従業員10名のうち、重度知的障がい者1名、精神障がい者1名、元ニート1名が雇用契約を交わした社員として働いている。

そのほか、寮で生活を支えて、特例子会社や小さな町工場など、ほかの企業でお世話（障がい者雇用）になっているケースもある。

特例子会社とは、50人以上の労働者を抱える企業が、障がい者雇用率（２％以上）を達成するために、障がい者をそこに集中して雇用するために設立した子会社のこと。

障がい者雇用とは、障がい者雇用率制度に基づいて、50人以上の労働者を抱える企業が２％以上の障がい者を雇用すること。

## 障がい者雇用を成功に導く

現在、障がい者雇用で発泡スチロールなどをつくる会社に勤めている大林昭次郎さん（仮名）は、寮生活をしながら、アパートも借りて半分自立した生活を送っている寮生の一人だ。

父が健常者で母が「精神障がい」、姉が「精

図1−2　農業分野での「働く」ことを支援

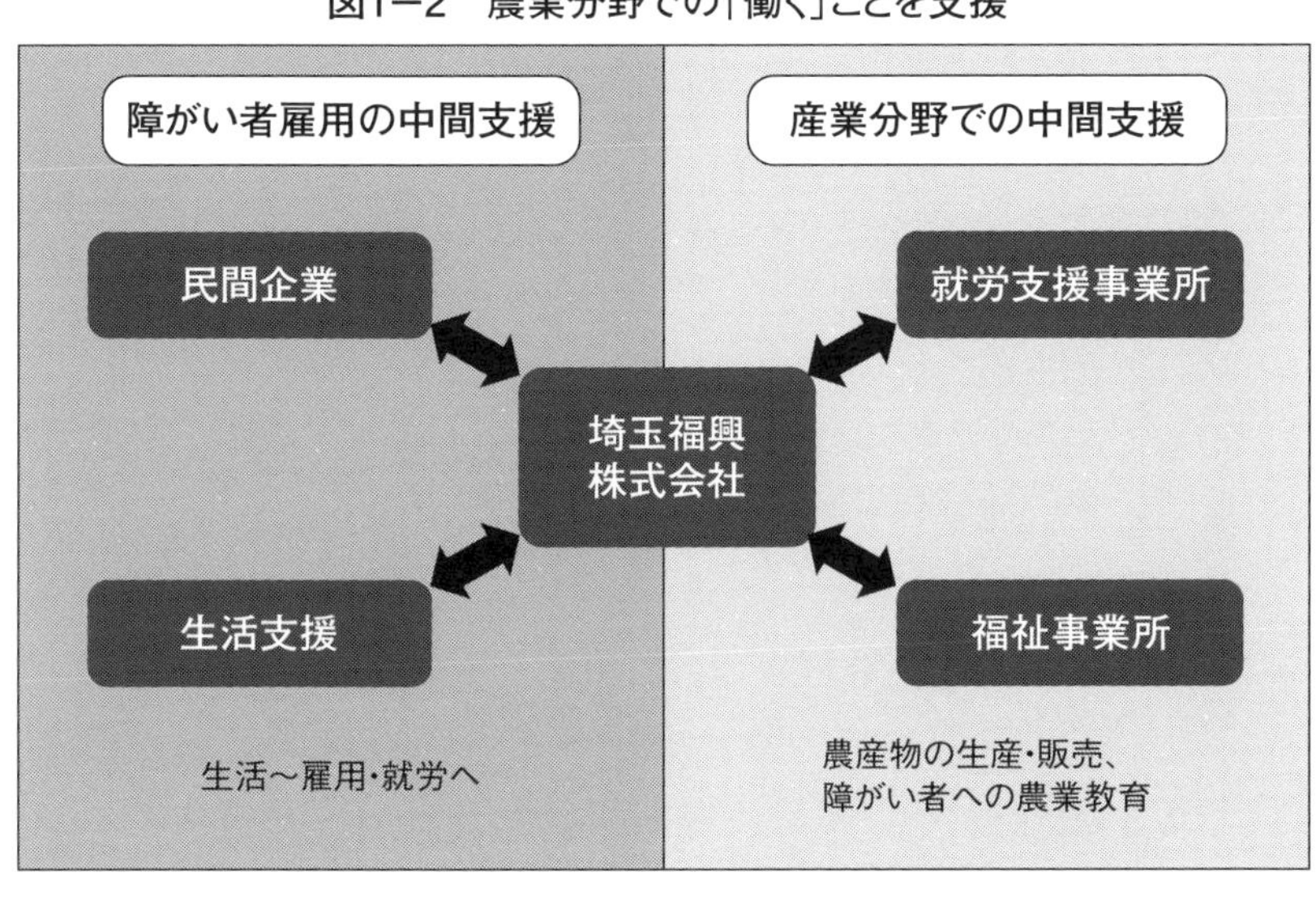


神障がい」という環境のなかで育った双子の男の兄弟として彼は、自身も「知的障がい」「人格障がい」「発達障がい」をもつ「重複障がい者」。年代寮に来たのは20歳代のころ。それから15年間、ともに暮らしている。

最初は、B型事業所のオリーブファームで月1万円の給料でスタートし、水耕栽培で障がい者雇用に従事した。埼玉福興グループでは、まず、どんな人でもB型事業所で「働く」という環境に慣れてもらうことにしている。

その後、大林さんは班長を経て、埼玉福興㈱の社員になった。ところが、女性と問題を起こし、仕事が手につかないような状態になったため、退職願いを書かせていったん解雇。退職願いを書かせるのは、社員であったということの自覚を促すためでもある。

次は、お菓子の袋詰めの会社に就職した。ところが、またしても問題を起こして1年で解雇された。その後、現在の雇用に至っているが、その間、我々は一貫して彼の生活と就労を支援しつづけてきた。

２０１７年現在、大林さんは月６万円の障害年金と月10万円の給料で、やはり障がい者雇用の弟と毎年、海外旅行を楽しんでいる。

余談になるが、彼は知的障がい者でつくる埼玉のサッカーチーム・ＦＣ埼玉の主力選手として活躍するスポーツマンでもある。

大林さんの例でみるように、我々は、障がい者が雇用された先の企業とともに、被雇用者の障がいに対する理解を共有し、継続的な雇用ができるように生活面を支えている。

もし、まわりの障がい者雇用に深刻な悪影響を与えるようなトラブルを起こした障がい者がいれば、こちらから企業に迷惑がかからないように、辞めさせることにしている。そして、すぐに生活・就労支援センターと連携をとり、次の企業につなぐ。そんなすべてのコーディネートをしている。

## 機会を得て地域とつながる

障がい者の「働く」を支える（仕事をつくる・得る）ためには、ほかのさまざまな組織と連携できるようにしておくことが大事である。そのため、ふだんから地域のイベントなどに参加したり、イベントを企画したりして、地域社会との接点を積極的につくりだしている。

知人の紹介から、地域で仕事をもらい、感謝されている事例を紹介したい。

熊谷市には毎年３月の第４日曜日に行われる市のイベント・熊谷さくらマラソン大会がある。その会場で、２０１７年、認定ＮＰＯ法人くまがや小麦の会に依頼されて、同会がつくるパンやクッキーを販売した。埼玉福興から販売員として出向いたのは、３人の触法障がい者（少年院や刑務所を出た人など法に触れる行為をした過去をもつ障がい者）だった。彼らは一日で過去最高記録の13万円も売り上げ、同会から「すごい！」と大感謝された。

販売を担当したうちの一人は、「知的障がい」と「発達障がい」がある谷和夫さん（仮名）。彼はテレビのリモコンの取り合いから誤って父親を殺してしまい、神奈川医療少年院に収監されていた。しかし、21歳で埼玉福興に来てからは野菜の栽培に精を出し、今では農業班のリーダーとして活躍している。そして、12年間、犯罪とは無縁だ。

同会とは2016年からお付き合いがあるが、これまで5～6回、販売を担当させていただいている。そのたびに活躍するのが谷さんら触法障がい者だ。

触法障がい者が地域のイベントの仕事に加わる

## 人生の最期までを考えたシステムが必要

年代寮を運営していると、「障がいのある人たちは、加齢が早い」ことに気づく。

特別養護老人ホームなどは原則的に65歳以上の入居がほとんどだが、年代寮で暮らす人のなかには65歳になる前に介護が必要になる人も多い。そのため、65歳の境目で老人ホームなどに移さなければならない状況になるが、若い年齢に加えて、身寄りがいない、そして何より障がい者だからという理由で、入居を拒否されることばかりだ。

そのためもあって、彼らが拒否されることなく入居できる介護施設が必要だと考え、2014年、群馬県高崎市に小規模多機能型居宅介護施設三成の家を確保した。

また、寮生が亡くなり、水死体で発見されたことがあった。40歳代の高山文雄さん（仮名）だったが、暴れると人の首を絞めるなど暴力的なところがあった。どこにも行くところがなく、知り合いに懇願されて引き受けた人だった。2年間年代寮にいたが、たびたび東京方面へ逃げていた。ある晩、利根川のほうへ逃げたのか、溺れて亡くなった。散歩をしていた人に発見されたときは1～2日が経過し、なんと死体は腐乱していた。

高山さんは身寄りのない人だったため、彼の死後、お墓の問題やお寺の問題、行政の問題などで考えさせられることが多かった。「人生の最期までを考えたシステム」が必要だと痛感させられたケースだった。

また、亡くなるまでを考えたとき、高齢者にたいするグリーンケア（農・園芸の分野をとおした手助け、世話、自然治癒、療法など）の創出も必要になってきていると感じる。

そして、寮生の最期を見送るたびに、「社会に貢献しながら、胸を張って最期を迎えられる人生の場」をつくってあげたい思う。それが、農福一体で「家族」として生きている我々の使命だと考えている。

## 第２章

# 障がい者でもできる農業システムを求めて

ハウスでの水耕栽培

# 埼玉福興の創業まで

## 社会的弱者にたいする関心・理解

埼玉福興株式会社（以下、埼玉福興）は、社長である私と、父であり会長である加藤道夫（１９３４年生まれ）の父子が興した会社である。

私の父と母・新井松江（１９４４年生まれ）が、過去に縫製業や障がい者雇用に取り組んできたことが、創業のきっかけになっている。まず、創業に至るまでの前史を紹介したい。

私の父は、群馬県立佐波農業高等学校（現在の群馬県立伊勢崎興陽高等学校）を卒業したのち、産業機器メーカーの久保田鉄工に入社した。農業をしたかったものの、東京生まれで非農家出身であった父にとっては、高卒後すぐに就農することは困難だった。

久保田鉄工には13年間在職し、機械設計に携わってきた。同社では労働組合の代表を務め、解雇闘争があったさいには一人の首切りも許さず撤回を勝ち取るなどの実績をつくってきた。しかし、それゆえ、会社にいられなくなり、退社した。

労働組合代表の経験を通じて、父が社会的弱者にたいする関心や理解を高めたことは、埼玉福興の設立や会社方針にも影響している。

## 「MENUMA MODE」を妻沼で経営

久保田鉄工を辞めたあとは、三井物産に所属し、岩手県、愛媛県、大分県などを移動しながら縫製工場を立ち上げていった。しかし、産業能率大学（短大）の経営コンサルタント養成コースの受講をきっかけに、40歳から縫製を手がけることとなった。

そして、1974年に加藤縫製（行田市）を興して独立した。1986年には、社名をMENUMA MODE（メヌマモード）に変更すると同時に、現在の埼玉福興の所在地である妻沼（現、熊谷市）に引っ越した。

所在地として妻沼を選んだ理由は、周辺に競合する工場がなかったからだ。しかし、父が10〜12歳の3年間、祖母の故郷である群馬県前橋市に疎開していたことや、農業高校進学を通じて北関東に縁があったことなどが、妻沼を選ばせた遠因かもしれない。

埼玉県本庄市生まれの母は、洋裁学校を卒業後、さまざまな縫製会社で働いていた。東洋縫製という会社で縫製の指導者として働いていたときに父と知り合い、結婚した。

母の縫製技術はとても水準が高く、当時の防衛庁から作業着の試作品製造を請け負ったり、有名ブランドのコムサ・デ・モードから試作品の製造を請け負ったりすることが多かった。父母は従業員を2〜3人雇い、自宅兼作業場でMENUMA MODEを経営してきた。

## むさしの郷の生活寮を請け負う

あるとき、父は、近所付き合いで知り合った田口錦一さんから、「障がい者の生活寮をつくろう」という提案を受けた。田口さんは熊谷市で福祉活動に先駆的に取り組み、1972年に社会福祉法人むさしの郷を妻沼町弥藤吾に設立した人物だ。

むさしの郷は1976年から「中程度の障がいのある人たちが、町のなかであたりまえに暮らせる試み」を実践し、1987年からは、東京都の市区町からの委託契約により生活寮を設置していた。

父は田口氏の取り組みに賛同し、また、町会議員の後押しもあったことから、1993年に生活寮（年代寮）の取り組みを始めた。当時、生活寮のみの設置は認められていなかったため、むさしの郷の生活寮を請け負うかたちとしてスタートした。

私たちの自宅は、2階のすべてが障がい者の生活スペースとして改装された。最初は4人の障がい者（50歳代～60歳代の男二人・女二人）を受け入れて、彼らとの共同生活が始まった。障がい者の生活費は障害年金から、生活ケア料はむさしの郷からそれぞれ賄われた。

父によれば、「いつか自分で農業をやりたい」とずっと思っていたらしい。とはいえ、縫製業のみを営んでいた時期や、生活寮を始めた直後には、農業を始めること、ましてや農福連携のようなことはまだ構想になかった。

## 1996年に埼玉福興を創立

私たち家族は、障がい者と生活をともにするうちに、「障がい者が行く場所も勤める場所もない」ことを知る。父母は、それを不憫に思い、縫製作業場の糸くず回収など簡単な作業を障がい者に手伝ってもらうことを始めた。彼らの居場所づくり、そして、彼らに少しでも社会との接点を多くもってもらうためだった。

ところが、障がい者が職場にいることで、雇用者が彼らの世話を焼いたりして、作業の進捗が悪くなるなど、経営上のデメリットがみられるようになった。

そこで父は雇用をやめて、縫製業を縮小する決断をした。細々とでも障がい者が活躍できる場を確保することをめざしたのだ。この決断の背景には、縫製技術を支えてきた母が高齢化のために目が悪くなってきたこともあった。

仕事は、縫製業から縫製関係の下請けの工場へと変化し、障がい者雇用と自前の作業所と生活寮の取り組みが主となった。障がい者のトータル福祉に事業転換することとなった。

そこで、私と父の二人を株主とする埼玉福興を立ち上げた。父が社長、私が専務の立場で生活寮の運営を行うこととなった。私は生活寮の仕事（金庫まで渡される）をしながら2000年、立正大学経済学部を卒業した。

## 下請け作業から農業へ

### 下請け作業で障がい者を雇用

私たち家族は生活寮を運営して、障がい者の生活ケアを行うことで収入を確保できた。また障がい者は障害年金などによって居住空間を確保することができた。

とはいえ、居住空間の確保や、単に居住することにたいしての生活ケアのみであれば、社会とのかかわりを含めて、障がい者の生活にたいする支援としては不十分だ。

私たちが埼玉福興を設立した当時も、「障がい者が行く場所も勤める場所もない」状況は相変わらずであった。

下請けの縫製業で障がい者雇用を徐々に増やしてきたが、その縫製業もいつのまにか縮小し、作業が少なくなってきた。

そこで、オムロンの血圧計の腕帯をつくったり、パイロットのボールペンの組み立てをしたりするなどの下請け作業を手がけることにした。しかし、下請け作業である内職の受注量は安定していなかった。

また、受注できる製品の多くは製品寿命が短く、障がい者が作業に慣れたころには仕様が変更されてしまうという状況に陥っていた。健常者ならすぐに対応できる程度の仕様変更でも、障がい者にとっては、新たに作業に慣れるまでの時間が必要だった。

父は、少しでも多く障がい者の職域を拡大させようと、機械設計の経験を生かして作業補助機器をつくったりした。しかし、製品寿命の短さや、障がい者一人ひとりに多様性があることから、解決策としては十分な結果を得ることができなかった。

さらに、「作業が合わない」障がい者もいたりして、作業の受託には限界があった。

また、当時、企業は作業委託先を海外に移したり、単純作業は機械化したりして、国内にある下請け業者の整理を進めていた。当然のことながら、受注は徐々に減っていった。

## 農業への参入を検討

下請け作業の減少を危惧するなか、2004年ごろから、私たちは農業への参入を検討するようになった。理由は、「生きていく糧(かて)として の食料のことであれば、仕事はなくなるはずはないだろう」、さらに「農業であれば、作業工程を分解することで、いろいろな障がい者が、何かしらの作業につけるのではないか」との期待感からだった。

そのほかにも、いくつかの理由があった。

まずは、父自身が「以前から農業をやりたいと思っていた」ことである。

「お金があっても食料が買えない」という戦中戦後の食料難時代の経験から、「どんな危機が起きても食料があれば生きていける」という確信からだった。つまり、最悪の事態を想定してのことからだ。

　また、障がい者の生活をケアする立場の人間として、「どんな事態になっても障がい者に食事を提供する責任がある」ことへの気づきから農業参入への意欲を高めた。さらに、これまで父が憧れてきた農業が、担い手不足や耕作放棄地の増加などで、衰退しつつあることも参入検討の理由となった。

　埼玉福興の基本的なテーマを「付加価値のある生産を継続するため、持続可能な新たな農業の仕組みをつくりだす」としたのも、この時期だ。「弱者にたいするかぎりない支援」、そして「終生の仕事をつくりだす」ことを理想として想定しながら、農業参入を検討してきた。

　このような理想に加えて、取り組みを支援してくれる周辺農家がいたことや、生活寮の運営で収入の確保ができていたため、農業参入のリスクが低かったことも、参入を検討する理由となった。

## いざ農業を開始

### NPO法人グループファーム設立

　2003年、NPO法人グループファームを設立した。社会福祉法人むさしの郷から生活寮である年代寮を独立させるためだ。翌2004年から、年代寮はグループファームが運営することになった。

　この時期は、下請けを切られることの繰り返しだった。

　そこで、私は「もう製造業はあきらめて、スローライフで生きていこう」と決めた。「平日も休日も関係なく、日々楽しくお茶を飲んで過ごし、お金を使わない生活をしよう」と決意した。

幼果期のオリーブ果実は緑色

そこで、農業に参入するとして、何を売りにするかを考えた。この地域になく、スローライフを可能にし、象徴するものとは何か。

そんなとき、突然、オリーブがひらめいた。なぜか理由もなく、頭に浮かんだのだ。

農作物の栽培と並行して、長期的にオリーブの栽培をしていこうと決めた。

選択肢はなかった。唯一残っていた下請け作業であるパイロットのボールペン組み立て作業は、近隣のB型作業所わーくすてっぷ三愛に譲った。

退路を断ち、農業一本で生きていく選択をした。

## 2007年に農業生産法人へ

2004年、さっそく株式会社として農業への参入を試みた。しかし、市には断られた。農業参入のハードルの高さや、行政でも福祉分野と農業分野とではまったく畑違いであることなどを痛感した。

そこで、まずは私が個人で農家となり、障がい者でもできる営農システムの実験を始めることにした。

企業の農業への参入は、2005年改正の農業経営基盤強化促進法（1980年）や、2009年改正の農地法（1952年）によって、より積極的に位置づけられた（NPO法人や社会福祉法人なども一部の参入方式で対象となった）。しかし、2004年当時の制度や、農業実績のない埼玉福興では農業参入のハードルは高かった。

当時、埼玉県においては、異業種からの農業参入には、前例がなかった。さらに、障がい者が農業の担い手となりうるという確固とした実績もない状況であったため、当然の結果だったかもしれない。

しかし、翌2005年には農地法第3条（農地の所有権の移転、または使用収益権の設定）に基づいて、農業委員会をとおして正式な賃貸契約書を交わし、ほかの農家から農地を借りることができた。

そして、2007年に埼玉福興は、農業生産法人（現在の「農地所有適格法人」）の認可を得ることができた。異業種から農業生産法人の認可を得ることができたのは、埼玉県で初めての事例となった。

## 水耕栽培に取り組む

「どのような農業を展開していこうか」と模索しているさなか、「働く広場」（独立行政法人高齢・障害・求職者雇用支援機構発行、2002年2月号）で、富山県にある有限会社・野菜ランド立山のことを知る。

同社は、水耕栽培で障がい者の雇用を実現していた。

水耕栽培とは、土を使わずに植物を育てる方法。種をもっとも適した温度で、一定期間を苗テラスという人工的な育苗施設で管理し、苗をつくる。その後、栽培ハウスに移して、穴のあいた発泡スチロールに差し込んでいく。発泡スチロールの下には水と栄養分を含んだ液体が機械によって常時循環し、苗を育てるという仕組みだ。

2004年、さっそく、一人で視察に行った。社長の宇治稔さん（故人）に会うと、私同様、彼も全重協の会員であった。そのため宇治さんは、埼玉福興の取り組みにたいしてたいへん理解を示し、栽培のノウハウや採算のデータなどまで、快く提供してくださった。

この視察を経て、2007年からサラダホウレンソウの水耕栽培を始めた。始めるにあたっては、社員でサービス管理者（所定の障がい福祉サービスの提供にかかわるサービス管理を行う人）の清水勇作を宇治さんのもとに送り、研修させてもらった。水の管理、肥料の濃度、雑菌対策、害虫対応など、すべてをゼロから学ばせていただいた。

そして、水耕栽培への取り組みをきっかけに、2009年、B型事業所オリーブファームを開所することになった。

## 水耕栽培のメリット

水耕栽培には、次のようなメリットが考えられた。
①天候に左右されず、周年で作業に取り組むことができる
②他の農産物に比べて毎日同じ仕事がつくれる
③単純作業の繰り返しができる
④年間を通じて同じ価格で契約できる

水耕栽培のハウスで収穫が始まる

工程を分解すれば、一つひとつの作業が単純化でき、毎日、同じ単純作業ができるという水耕栽培には、「重度の障がい者でもできる仕事がある」ということだ。さらに、天候に左右されずに年間を通じて同じ価格で契約できるということから、収益の安定化にも寄与してくれそうだった。

水耕栽培の導入には多額の投資が必要であった。そのため、まずは一坪ほどの施設を自分で手づくりして試してみた。その結果、「障がい者でもできる農業だ」と確信したので、導入することにした。

水耕栽培施設の設置には、行政などの支援は得られなかった。そのため、自己資金と銀行からの融資（３０００万円）で２００７年に１０８０㎡の施設を設置した。さらに、２年後の２００９年には１１６１㎡の施設を増設した。

苗テラスの内部

苗テラス（育苗施設）は、人工的に生産できるものを選択し（1ブロック当たり1ベンチ24㎡＝496㎡、7504穴＝7504株）、サラダホウレンソウのほかにスイスチャード、水菜、ルッコラなどを栽培しはじめた。

## 畑作物の作目選びで苦労

開放的な作業空間であることや、運動量が多いことから、畑作は、ぜひとも障がい者の職域として、確保したい分野だった。

ただし、畑作物の作目選びでは苦労した。

当初、アピオスという作物を栽培した。無農薬で栽培が容易だからと40ａほど作付けした。アピオスは、北米原産のマメ科の植物で、インディアンの栄養源と呼ばれるほど、栄養価、ミネラルが豊富なことで知られている。「健康を提供する」という意味でも価値のある作物だと考え、生産した。

近隣で有機農業を実践していた専業農家の野村典司（つねじ）さんと当時の埼玉県大里農林振興センターの斉藤仁（じん）さんとの３人で青森県まで視察に行った。

しかし、アピオスの知名度は低く、需要もなかったため、販路の確保が困難だった。

地域でさかんに栽培されている球状の大和芋（やまといも）（ヤマイモの一種）も検討した。しかし、大和芋には連作障害という課題があったため、生産するには、ローテーションを組むことができる生産圃場（ほじょう）を確保する必要があった。農薬使用量が多いことも課題だった。

検討した結果、問題が多すぎるため、大和芋導入は見合わせた。

## 早すぎたイタリア野菜の栽培計画

地域の農家５軒と埼玉福興が協力して、イタリア野菜の栽培に挑戦しようとしたことがあった。イタリア野菜と定番の野菜を組み合わせて業務用の「野菜セット」をつくり、首都圏を中心にパスタのフランチャイズを展開している企業に卸す予定だった。

イタリア野菜の種類は、フェンネル、チーマデラーパ、ルッコラ、スティッキオ、フィノッキオの５種類だ。

イタリア野菜と定番の野菜をつくるのは農家、セット野菜のラッピングや発送業務などは埼玉福興が担当する予定だった。

そして、その事業に関する経営革新計画をつくり、県に申請し、県の承認書まで確保した。

経営革新計画とは、中小企業が新事業活動に取り組み、経営の相当程度の向上をはかることを目的に策定する中期的な経営計画書だ。

国や都道府県に計画が承認されると、さまざまな支援策の対象となるほか、計画策定をとおして現状の課題や目標が明確になるなどの効果が期待できる、というもの。

埼玉県に申請した経営革新計画のテーマは、「新たな販路物流システム構築による業務用『野菜セット』販売事業への進出」というものだった。経営革新計画の期間は２００９年5月から２０１２年4月まで。上田清司埼玉県知事によって２００９年12月に承認された。

しかし、計画は実現化には至らなかった。フランチャイズ店側から、「断り」が入ったのだ。「ホウレンソウとコマツナの区別もつかない店長ばかり。ましてや本物のイタリア野菜など、使えるはずもない」という理由からだった。

5軒の農家にたいしては私が謝って回ることになった。その後も多様な作目の生産を試みたが、いずれも軌道にはのらなかった。

解決策として、「農業のプロに学ぼう」ということで、先述の専業農家の野村典司さんに教えを乞うた。

ハウスで栽培する野菜として、最初にベビーリーフに着目したときは、私たち父子と野村さんとの3人で、神戸まで視察に行った。野村さんの支援がなければ、農業の開始はままならなかったはずだ。埼玉福興で現在、主軸となっているタマネギの生産は、野村さんの提案によるものだ。

野村さんには農業開始時のみならず、現在においても日常的に技術の指導をあおぎ、相談にのってもらっている。

## 農地を借りてタマネギ生産を開始

当初は、野村さんが生産するタマネギの結束作業などを埼玉福興が作業受託して、障がい者が手伝う程度のかかわりであった。しかし、その後、次のような理由から埼玉福興独自で、タマネギ生産を開始した。

①野村さんの所有する農地を利用できるよう

になったこと

②貯蔵・出荷するスペースを確保できたこと

③野村さんをとおして市場出荷が可能になったこと

①の「農地の利用」は、野村さんから農地30aを借りることができたことを意味する。

野村さんとの初期の契約としては、埼玉福興が野村さんから30aを借りてタマネギを生産し、収穫物を埼玉福興が20a分、野村さんが10a分を確保するという取り決めであった。借地料は物納。野村さんからは栽培技術の指導を受

農業を指導してくれる野村典司さん

タマネギをいっせいに収穫

「できのいいタマネギだよ」と自慢

けた。

指導を受けた結果、埼玉福興が単独でタマネギを生産できるようになったことから、現在は初期の契約は解消されている。

振り返ってみると、この契約は生産する埼玉福興と指導する野村さんが、ともに増産意欲を高めることができる契約条件であった。

農業開始にあたって、このような「win-winの関係」を築くことができたのは、野村さんとの出会い、さらにタマネギ生産をとおしての理解・協力があったからこそといえる。

## 元牛舎の貯蔵・出荷スペース確保

②の「貯蔵・出荷するスペースを確保できたこと」に関しては、以前、酪農と農業を営んでいた森義夫さんに、牛舎として使っていた建物を貸してもらえたことを意味する。

森さんには、水耕栽培施設の設置場所となっている50ａの農地も借りていた。牛舎を併せて借りられたことで、収穫後の貯蔵・出荷に大きなスペースが必要となるタマネギの栽培が可能となった。

熊谷市が夏場の高温地帯であることもあって、牛舎は遮熱対策のためから天井が高く大型で風通しがよく、頑丈な骨組みであった。また、酪農をやめてから長い年月が経っていたことや、牛舎の清掃を徹底して行ったことから、衛生上、何の問題もなかった。

タマネギの収穫・調製・出荷時期にあたる夏場でも、快適に過ごすことができ、作業する障がい者同士の間隔も十分に確保できたことから、彼らのストレスもなく、自由に動ける環境となっている。

このような作業場を新たに設置するならば、それだけで大きな投資となり、タマネギ生産の開始は遅れていただろう。森さんの遊休施設を

収穫後の乾燥、貯蔵には大きなスペースが必要

そのまま使用させていただけたからこそ、埼玉福興単独の栽培に踏みきれた。

## 地域の出荷組合に出荷

③の「野村さんをとおして市場出荷が可能になったこと」は、文字どおり野村さんを通じて

タマネギの出荷作業

地域の出荷組合に出荷することができるようになったことを意味する。

売上金は、野村さんの口座を経て受け取ることができた。

もし、野村さんのサポートがなければ、農業経験のない、あるいは経験が浅い埼玉福興が、出荷組合にいきなり参加することは困難であったと思う。

また、障がい者による農業生産にたいして、理解を得がたいということもあったかもしれない。いずれにしても、農業開始にあたって「販路・出荷方法が確保できている」という状況は、大きな強みであった。

ところで、流通・販売の面では私の思い込みから、失敗も経験した。「農業のプロだから安心して任せられる」という思い込みで、2010年からの2年間、JA全農（全国農業協同組合連合会）に流通・販売面での協力を依頼したときだ。

あるとき、タマネギを運ぶためにトラックを手配してもらった。すると、野菜運搬用のトラックではなく、屋根のないトラックが来て、雨のために結局、タマネギの半分近くがだめになった。

また、タマネギとネギの扱いは異なるが、担当者がその違いを知らないために、同じように扱ってネギをだめにしたこともあった。何かを依頼するたびに、毎回、違ったトラブルが発生するというありさまだった。

JA全農という組織は、当然のことながら農業のプロだと思っていたが、意外と流通段階までになると、「かならずしも農産物の扱いのことを知っているとはかぎらない」と思ってしまうようなトラブルが多かった。

農業に取り組んで大きな挫折というものはなかったが、小さな挫折や失敗、トラブルは数かぎりなく経験した。

## オリーブ栽培を終生の仕事に

### 熊谷市と太田市で計７００本育つ

四国の香川県から農業技術の指導を受けているのがオリーブである。オリーブはスローライフを実現することを目的に栽培を開始した。

しかし、今では持続可能な環境をつくるためにオリーブを栽培している。そして、また、オリーブにかかわる仕事を、高齢の障がい者でもかかわることができる「終生の仕事」と位置づけるまでにできた。

オリーブ（植物）をケアする（世話をする）ことをとおして、そのケアをする人も心身ともに癒されるというグリーンケアの面からも、大いに期待をふくらませている。

オリーブは何千年も生きる樹である。常緑樹であるオリーブの栽培は、年間を通じて利用者が緑に接する機会になると期待している。

また、畑作地帯であるこの地域では、野菜の栽培期間外は畑が不作付けとなってしまうため、美しい景観を保つのはむずかしい。ところが、常緑樹であるオリーブがあれば、常に緑あふれる景観が地域で保たれる。

オリーブの苗は国内の一大オリーブ産地である香川県小豆島（しょうどしま）から取り寄せた。２００４年に２００本、２００５年に１００本を植えた。現在は、熊谷市と太田市で４か所、計７００本が育っている。

現在、オリーブの栽培は無農薬とし、地力を生かした無肥料の自然栽培に取り組んでいる。

## ローマ法王への献上菓子にオリーブの葉使用

オリーブの葉にはオレウロペインなどの薬用成分が含まれているが、それへの関心からか、オリーブへの注目が高まっている。オレウロペインとは、ポリフェノールの一種で、抗酸化作用や抗炎症作用、血圧を下げる効果などがあることが知られている。

無農薬・無肥料のオリーブ畑

そのため、ハーブ店や菓子製造業者から葉への引き合いが増えている。

オリーブ茶の開発は、武井一仁（かずひと）さんとの出会いがきっかけで始まった。

武井さんは包括的食育活動家を自任するパティシエ。フランス料理で有名な三國清三さんがオーナーシェフを務めるホテル・ドゥ・ミクニにおいて、22歳で製菓長を務めたという経歴の持ち主だ。

武井さんは、2015年には第266代フランシスコ・ローマ法王に「平和と希望のオリーブプロダクツ」という料理を献上したが、そのさい、献上のお菓子に埼玉福興のオリーブの葉が使われた。また、埼玉福興のオリーブの葉を使ったお茶 OLIVE JAPON TEA も献上された。

そんな武井さんによる宣伝効果もあって、今では、葉は粉末などに加工し、年間200kgを

オリーブの葉をもぎ取る

出荷するまでになっている。

## 「OLIVE JAPAN」でclarice farmが金賞

果実はオリーブオイルに加工している。

２０１４年には、日本唯一の国際的なオリーブオイルの品評会「ＯＬＩＶＥ ＪＡＰＡＮ ２０１４」（２０１４ 国際オリーブオイルコンテスト）（International Extra Virgin Olive

オリーブリーフティー

Oil Competition)に、製品「clarice farm /Home Made Extra Virgin Olive Oil」を出品した。すると、21か国から全４００品が出品されたなか、同製品が銀賞を受賞した。

２年後の２０１６年には、同じく「ＯＬＩＶＥ ＪＡＰＡＮ ２０１６」で、同製品がみごと金賞を受賞することができた。

現在では、自社のオリーブだけでは果実が不足するため、本庄市の農家から１７５kgを購入しており、年間搾油量は17・６kgである。また、静岡県の生産者や本庄市の生産者、ＮＰＯ法人などからは搾油を受託して、果実５００kgを扱っている。

オリーブの取り組みに関しては、生産技術や加工技術の面での確立はまだまだこれからである。

オリーブの結実年数は、苗からだと2~3年、実生（みしょう）からだと約10~20年。３年生大苗を用いても成園化まで年月を要する。採算が十分にとれない現段階では、タマネギや水耕栽培の売り上げでオリーブの取り組みを支えている。

将来的にはオリーブの加工製品を増やして、ブランド化を実現したい。そして、経済的に自立できる生産に至ったあかつきには、グリーンケアに寄与するオリーブの存在を大きく打ち出したいと考えている。

# 第３章

# 農産物の生産・販売を軌道にのせるために

ハクサイ栽培指導者の武藤さん（右から２人目）とともに

# 農産物の生産・販売

## 重度障がい者が取り組む水耕栽培

埼玉福興では２０１７年現在、畑でタマネギを１・５ha、ハクサイを40ａほど露地栽培している。

このほかに、タマネギや長ネギの播種・育苗の作業受託も行っている。これらは一般農家２００軒や福祉事業所９か所に供給する苗で、播種は約１万８０００枚（１枚＝２５０本ほど）、育苗は約３０００枚になっている。

水耕栽培では、ホウレンソウを４６９０株、スイスチャードを９３８株、水菜を９３８株、ルッコラを９３８株つくっている。このほかにオリーブや花卉（かき）も生産している。

作業内容別にみた利用者（障がい者）の作業状況と売上高構成比を**表３－１**に示した。

水耕栽培と露地栽培に携わる障がい者を比べてみると、露地栽培より水耕栽培のほうに、より重度の障がい者が携わっている。

これは、「ほかの農産物と比較して毎日同じ仕事がつくれる」「単純作業の繰り返しができる」という水耕栽培がもつメリットから、重度の障がい者でも取り組みやすいという状況を示している。

また、水耕栽培には一人だけでできる作業もあることから、人と作業するのが苦手という人にも向いている。

知的障がいと精神障がいがある岩田留美さんは、苗づくりに携わってもう12年になる。彼女は、ほかの人といるとパニックになることから、自ら好んで、マイペースでできる苗づくりに携わっている。

**表3−1　作業内容別にみた利用者の作業状況と売上高構成比**

<table>
<tr><th rowspan="3">作業内容</th><th colspan="7">利用者数（人）</th><th rowspan="3">売上高構成比</th></tr>
<tr><th rowspan="2"></th><th rowspan="2">身体障害者手帳所持者</th><th colspan="4">療育手帳所持者</th><th rowspan="2">精神障害者保健福祉手帳所持者</th></tr>
<tr><th>軽度</th><th>中度</th><th>重度</th><th>最重度</th></tr>
<tr><td>露地栽培</td><td>10</td><td>1</td><td>2</td><td>7</td><td>1</td><td>0</td><td>1</td><td>約30%</td></tr>
<tr><td>水耕栽培</td><td>18</td><td>0</td><td>0</td><td>11</td><td>7</td><td>0</td><td>1</td><td>約70%</td></tr>
<tr><td>オリーブ栽培</td><td>3</td><td>1</td><td>0</td><td>1</td><td>2</td><td>0</td><td>1</td><td>約1%</td></tr>
</table>

注：①算出方法は作業内容ごとに集計した
②利用者人数は、2016年6月1日現在。売上高構成比は、2015年の値である
③オリーブは搾油量の増加にともない、売り上げ増が見込まれる

水耕栽培のサラダホウレンソウを収穫

埼玉福興では、通年栽培ができない露地栽培にたいして、通年作業ができる水耕栽培を組み合わせることで、障がい者が一年じゅう農業に関与できる体制をつくっている。

## 露地栽培の開放感などが情緒安定に寄与

露地栽培にも力を入れている。屋外で行われる露地栽培のもつ開放感や運動量の多さが、障がい者の情緒安定に大きく寄与するためだ。

とくにタマネギの栽培には、障がい者が農作業をするうえで、ほかの作物と比較して次のような利点がある。

①根菜類で形状がシンプル。扱い方が多少雑でも痛まない

②土から抜いただけなので、衛生上の問題がない

③重量野菜のため、持ち運びなどの運動による良い効果が得られる

若くて体力をもて余し、トラブルばかりの障がい者も、タマネギが入った重いケースをたくさん運ぶなどの仕事をすることで、体力を使うため、食欲も増し、夜には薬に頼ることなく眠ることができる。体を使う仕事は、早寝早起きを促し、不規則な生活リズムを整えることにも多大な効果がある。

現在、グループホームホームクラリス（群馬県）で暮らしている「精神障がい者」の沢口拓次さん（仮名、1972年生まれ）は、長年、東京にある自宅で父親に虐待されながら生きてきた。一時は「一般雇用」で働いていたこともあるが、2016年にその父親が亡くなってからは、生活が一転した。

東京のグループホーム→東京の病院→年代寮→ホームクラリス→群馬の病院と、グループ

タマネギの調製作業

ホームと病院を往復する生活を続けてきた。
年代寮やホームクラリスでは暴れることしかできない状態で、病院に入院中は大量の薬を飲まされていた。しかし、期限が来て退院を迫られたとき、薬をやめることを条件に再び、ホームクラリスに戻ってきた。
最大限度まで飲んでいた精神薬を一切やめて、毎日、畑に出て働くようになった。すると、「暴れていた」というのが想像できないほど別人のようになったのだ。今では普通に生活し、野菜の調製作業などに励んでいる。
いったい、薬は何のためだったのかと、彼の受けてきた精神医療に疑問がわくばかりだ。逆にいえば、沢口さんの例は、露地栽培のもつ開放感や運動量の多さが、いかに精神障がい者の情緒安定に寄与しているかを具体的に証明するものとなった。

作業別の従業者（2014 — 2015 年）

| 作業区分 | | 健常者 | 実施者 軽度 | 実施者 中度 | 実施者 重度 |
|---|---|---|---|---|---|
| 播種・育苗 | 材料・資材などの購入 | ○ | × | × | × |
| | 購入したものの運搬 | ○ | ○ | ○ | ○ |
| | 種の用意 | ○ | × | × | × |
| | 補充 | ○ | × | × | × |
| | セルトレイへの土入れ | × | ○ | ○ | × |
| | 播種 | × | ○ | ○ | × |
| | 覆土 | × | ○ | ○ | × |
| | 灌水システム操作 | ○ | × | × | × |
| | ヘッドトリマー操作 | ○ | ○ | ○ | × |
| 耕運・基肥 | トラクター | × | ○ | × | × |
| | 肥料の購入 | ○ | × | × | × |
| | 肥料の運搬 | × | ○ | ○ | × |
| | 散布用バケツに分配 | × | ○ | × | × |
| | 肥料散布 | × | ○ | ○ | × |
| | 空袋の収集 | × | ○ | × | × |
| | 耕運機 | × | ○ | × | × |
| 定植 | トレイの運搬 | × | ○ | ○ | ○ |
| | 移植機への苗セット | × | ○ | ○ | × |
| | 移植機操作 | × | ○ | × | × |
| | 灌水 | × | ○ | ○ | × |
| | マルチャー操作 | × | ○ | × | × |
| | マルチャー補助 | × | × | ○ | × |
| 除草 | 鎌 | × | ○ | ○ | × |
| | 刈払機 | × | ○ | ○ | × |
| 病害虫防除 | 動力噴霧機操作 | × | ○ | × | × |
| | 動力噴霧機補助 | × | ○ | ○ | × |

②元肥には被覆肥料も投入するため、追肥しない

## 障がい者を「作業リーダー」に育成

埼玉県内における「タマネギの生産から販売まで」の取り組み状況を紹介しよう。

タマネギの生産圃場は5か所ある。後継者のいない農家の農地や、サラリーマン所有の農地などを借り入れている。

一般的な農業参入と同様に、作付けを行っていない畑や、耕作放棄地の借り入れが中心である。周辺には比較的優良な農地が広がっている。

私たちの圃場は分散しており、生活寮からはどこも約2㎞の距離にある。地代はすべて1万1000円／10ａ。契約年数は圃場により5～10年となっている。

栽培は、「健常者のみが行う作業」「健常者の支援で障がい者が行う作業」「障がい者のみが行う作業」と、三とおりの作業で行われている。各作業の従事者を**表３・２**に示した。

表3－2　タマネギ生産における

| 区分 | 作業 | | | | |
|---|---|---|---|---|---|
| 管理 | 石拾い | × | ○ | ○ | ○ |
| 収穫 | 茎葉の刈り取り | × | ○ | ○ | × |
| | タマネギを抜く | × | ○ | ○ | ○ |
| | ピッカー（機械） | × | ○ | × | × |
| | コンテナにタマネギを入れる | ○ | ○ | ○ | ○ |
| | トラック荷台にのせる | × | ○ | ○ | ○ |
| | 圃場から倉庫までトラックで輸送 | ○ | ○ | × | × |
| | 倉庫にコンテナを下ろす | × | ○ | ○ | ○ |
| 調製 | 根と葉を切り落とす | × | ○ | ○ | × |
| | 洗浄機までコンテナ（タマネギ）を運搬 | × | × | ○ | ○ |
| | 洗浄機で泥を落とす | × | ○ | × | × |
| | 選別機までコンテナ（タマネギ）を運搬 | × | × | ○ | ○ |
| | タマネギをM以上、S以下、規格外に分けて選別機のレーンに流す | × | ○ | × | × |
| | M以上のレーンに流したタマネギのうち、L以上のタマネギをさらに下流のレーンに流す | × | × | ○ | × |
| | S、M、Lに分別されたタマネギのコンテナを所定の場所に運ぶ | × | × | ○ | × |
| | 検品 | ○ | ○ | × | × |
| | 計量して出荷用コンテナに入れる | × | ○ | × | × |
| 出荷 | コンテナの運搬 | × | ○ | ○ | ○ |
| | フォークリフト | ○ | ○ | × | × |

注：①実施者の記号は、「○」は実施者、「×」は実施者なしを示す

健常者が行う作業は、「健常者のみが行う作業」と、「健常者の支援が必要な作業」に分けられる。健常者のみが行う作業は、購買活動である「材料・資材等の購入」と「肥料の購入」のみである。

埼玉福興では、健常者が現場にいなくても作業が進むように、障がい者を作業リーダーとして育成してきた。現在、「知的障がい」と「発達障がい」のある「重複障がい者」1名、「精神障がい者」1名が現場リーダーとして活躍している。

農業班のリーダーとして活躍するのは、前出（第1章）の谷和夫さん（仮名）。彼は「知的障がい」と「発達障がい」がある「重複障がい者」で、「触法障がい者」でもある。

12年前、埼玉福興に来たときは花の種まきなど細かい作業が苦手だったが、それも努力してできるようになった。今では後輩に教えたり、職場でも頼られる存在に成長している。自分で

も「農業が向いている」と言い、将来は「自分の畑を持ちたい」と意欲をみせている。

## 健常者に頼らない生産体制を

埼玉福興では、健常者にできるだけ頼らない生産体制をつくることもめざしている。そのためにフォークリフトなど簡単な機械の取り扱いは障がい者でもできるように指導したりしている。それがひいては障がい者の工賃引き上げにつながると思うからだ。

また、当社では意欲のある障がい者には、車の運転も任せている。

タマネギ畑のマルチシートはり

タマネギの苗づくりの準備

タマネギ畑に肥料をまく

タマネギ苗の植えつけ

現在、埼玉福興の社員として働く坂本真一さん（１９８６年生まれ）は、「知的障がい」（引きこもり系）と「精神障がい」のある「重複障がい者」。

彼の父が亡くなったことから、母への暴力が始まり、ある公園で男の子に性的ないたずらをしたということで逮捕された。その後、精神病院を経て、埼玉県上里町の福祉課からの依頼で２００９年、当社へやってきた。

彼は精神状態が不安定で、頻繁に気持ちがイライラ状態になったり、多動になったり、ときには人に食ってかかるなど、別人格のようになってしまい、常に現場を混乱させるタイプ。

しかし、仕事に関しては熱心で、一人だけで、畑仕事をしあげることまでできるため、２０１２年に社員にした。

リスクはあったが、２０１４年からは車の運転も任せてみた。もともと運転免許はもっていた。今では、社員として農作業のすべてにかかわり、軽トラックを運転して、一人でタマネギの納品をこなすまでに成長している。農業分野であれば、障がいがあってもキャリアアップまでできるのである。

## 独自の選別台を開発

タマネギ生産における労働のピークに当たるのが収穫・調製（根と葉の切り落とし、大きさの分類など）作業だ。

その調整作業のなかで、選別作業は能率化がもっともはかれる作業となっている。そのため少しでも時間を短縮しようと、自作の規格板を作成した。一般的に用いられる規格板に比べて幅が広く、誤った選別の防止に役立っている。

タマネギを選別する際、一般的には、おおよその見当をつけて規格の穴にあてがう。しかし障がい者が選別をする場合には、小さい穴から順にあてがっていく方法をとっている。

２０１４年までは、木枠を使って一玉ずつ選別していた。しかし、２０１５年からは、独自に２段階の選別場所を設けた選別台を開発し、作業効率の向上をはかっている。

１段階目の選別は健常者が担当することで、選別作業の時間短縮を実現した。

## 産直協同組合などに出荷

すべてのタマネギを無農薬・有機肥料（一部は減化学肥料）による特別栽培で生産している。単収は例年安定しており、２０１５年に収穫したタマネギの単収は、10ａ当たり３１４３kgだった。これは、埼玉県の平均単収である３３１９kg（２０１３年産）に匹敵する。

しかし、それに満足することなく、さらなる単収の増加をめざしている。そのために、複数の品種を選んで、それぞれを最適の時期に植え

収穫したばかりのタマネギ

2段階のレーンを設けた選別台。一段階目の選別を行う

トラックの荷台にタマネギを積んで出荷

るなどして、収穫時期を分散するように心がけている。

すべてのタマネギを無農薬・有機肥料で栽培しているため、出荷は、有機農産物を取り扱う3か所の仲卸業者や産直共同組合の組織などを介して行っている。

販売は、有機農産物を扱う生協の店舗などで行われている。

## 福祉作業所に農業指導

埼玉県内では近年、タマネギ生産に取り組むB型事業所が増加している。

しかし、新たに農業を始める事業所にとっては、栽培技術の面や人材育成の面などから課題が多い。つまり、福祉分野専門できた人たちは、農業のプロではないので栽培技術をもっていないということだ。

そのようななか、タマネギ生産を軌道にのせて、経営の主たる黒字部門としている埼玉福興は、ほかの事業所にとって模範的存在となっている。そのため、埼玉福興では、新たにタマネギ栽培に取り組もうとしているほかの事業所や福祉作業所があれば、生産技術面や流通面で、惜しまず協力をしてきた。

もっとも早かったのが、深谷市にある知的障がい者の授産施設ねぎぼうず作業所だった。2008年に「埼玉県障がい者施設農業支援事業」の一環として県から頼まれたのが協力の初めだった。作業所の職員を相手に、ノウハウなどを一から指導した。

同事業はわずか半年で終わったが、私はその後も電話などで支援を続け、今に至っている。現在、同作業所は埼玉福興から苗を仕入れてタマネギ栽培をするほど、タマネギ栽培に力を入れている。

## グループ化の展開

## 行政に依存しない営農システムへ

埼玉福興では、障がい者への「居住空間の提供」と「生活ケア」、そして「農業とのつながりを生かした営農システム」を構築してきた。

ここでは、その仕組みを紹介したい。

埼玉福興が所在する熊谷市は、南北に荒川と利根川という二つの大きな川が流れていることから、その肥沃な農地を生かした野菜づくりがさかんな地域である。

同時に、東京の都心まで50～70㎞圏ということから、その地の利を生かして、これまで工業生産を営む工業立地としても展開してきた地域である。

また、都市部へ通勤する人たちのベッドタウンともなっていることから、農地の地代も住宅の賃料も、ともに高い地域となっている。

そういう地域的特徴のある熊谷市で、現行の政策のもと、どのような営農システムが構築できるのか、行政に依存しない営農システムをどのようにつくろうとしているのかを、具体的に記してみたい。

## 一つの企業、二つのNPO、一つの介護施設

埼玉福興は熊谷市において1996年に設立された。しかし、事業が拡大するにつれて、川向かいに位置する群馬県の畑作地帯でも取り組みを展開するようになった。

そのため、現在では第1章でも述べたとおり、いくつかの組織をグループ化し、埼玉福興グループとして活動している。

同グループは、農業を行う埼玉福興（出資金1000万円）のほか、NPO法人であるグループファーム（設立時資産額10万円）とAgriFirm Japan（設立時資産額50万円）、小規模多機能型居宅介護施設三成の家（出資金1000万円）から構成されている。

二つのNPO法人では、それぞれ、生活ケアを行う年代寮と、ホームクラリス、ホームクラリスIの二つのグループホームを運営するほか、それらとセットで、農作業を行うB型事業所のオリーブファームとクラリスファームを運営している。

また、長年、障がい者の老後問題や死後の問題で苦しんできたことから、介護ケアにも踏み出した。2014年に子会社化した三成の家は、そのための場所だ。

65歳の前で介護が必要になった障がい者のケアができるようにと、既存の施設を買いとった。

その際、近隣に同じくソーシャルファームをめざす農業生産法人ホウトクがあることから、そこで農作業の受託、グリーンケアができるということも買いとりを後押しした。

介護と障がい者福祉の課題解決に向けた新たな制度化を見据えてのチャレンジでもある。

このように、埼玉福興グループでは居住空間と生活ケア、介護ケア、児童デイの設営、農作業、グリーンケアを実施し、子どもから障がい者、高齢者などまでが農業を一本の軸としてすべてが一体となって取り組めるような事業を展開している。

## 居住空間は生活寮とグループホーム

障がい者の居住空間について、見てみよう。

年代寮は知的障がい者などの生活寮であり、ホームクラリスとホームクラリスⅠはグループホームだ。

この形態の違いには設立した当時の法律（制度）の違いが反映されている。

年代寮ができたのは１９９３年。その当時は、就労する知的障がい者などが共同生活をしながら食事や日常の世話を受ける生活寮が一般的だった。そして、生活寮では二人部屋も可能だった。

その後、２００６年に「障害者自立支援法」が施行され、障がい者の居宅空間は、生活寮からグループホーム（共同生活援助）とケアホーム（共同生活介護）に移行した。

２０１３年には「障害者自立支援法」が「障害者総合支援法」に変わり、翌２０１４年に改正された。そのとき、ケアホーム（共同生活介護）は、グループホーム（共同生活援助）に一元化されることになった。

そのため、２０１６年に設立されたホームクラリスとホームクラリスⅠは、グループホーム

タマネギは埼玉福興の主力野菜

という形態でしか設立できなかった。居室は、個室でなければ認可を受けることができなくなった。そのため、グループホームのホームクラリスとホームクラリスⅠはすべて個室だ。

## まだまだ必要な生活寮

生活寮とグループホームの行政からの委託契約費（生活ケア料）を比べてみると、生活寮のほうがグループホームより一人当たり月約5万円安くなっている。

生活寮の委託契約費は一人当たり月8万9000円だが、グループホームのそれは13万9000円だからだ。

では、委託契約費が一人当たり月5万円も少ない生活寮を残しているのは、なぜなのか。それは、これまでの経験上から、個室よりも二人部屋で生活するほうが来たばかりの利用者（障がい者）にとっては共同生活に慣れやすく、引きこもりぎみになりにくいからだ。

「朝起きてから寝るまで家族と過ごす」、「きょうだいでいっしょに寝る」というような、ひと昔前の家族のような生活スタイルが、来たばかりの障がい者には、安心感をもたらすようだ。一人部屋になると自然とトラブルを起こす障がい者が多いため、彼らが社会に出る前の一定期間は、生活寮のような場所で過ごすことが必要だと思っている。

もちろん古い制度に戻ることはできないし、昔の仕組みはもうつくることはできない。しかし、触法障がい者などには、グループホームは

年代寮は知的障がい者などの生活寮

夕食のひととき

寮生いっしょの旅行

合わない。彼らは、最終的に、生活寮に移ることで安定し、社会にたいしてトラブルを起こすことなく生活をしている。

福祉制度の窮屈感を感じてしまう軽度の障がい者のためには、生活寮もグループホームも、どちらも必要だと感じている。

## グループ全体として障がい者の状況に対応

ひと昔前の家族のような生活スタイルを残しながら、個人のプライバシーも保証される。そんな生活空間を確保する一歩として、グループホームのホームクラリスとホームクラリスⅠは、ソーシャルファームの仲間である農業生産法人ホウトクの畑の真ん中に建てた。

グループ全体として、農業を軸にして、今のグループホームの制度と同時に、古い制度（生活寮）を残し、障がい者一人ひとりの多様な状況に対応できるように準備をしている。

行政からの支援が比較的少ない生活寮と、ほかの取り組みや組織との連携を示して、「農業がやっていける仕組み」の特徴について、説明しよう。

なお、行政単位によって障がい者の判定や支援状況が異なること、また、多様な障がい者一人ひとりにたいして、公的あるいは私的に注がれる支援状況が異なることを踏まえて、行政からの支援は、「障害年金」、「委託契約費（生活ケア料）」「B型事業」を示す。

組織間の連携形態の概況について、**図3-1**に示した。障がい者とNPO法人グループファームの関係（以下「Aパート」と記載）と、NPO法人グループファームと埼玉福興株式会社の関係（以下「Bパート」と記載）に分けて、説明していく。

図３－１　就労継続支援(B型)を行うNPO法人グループファームと埼玉福興(株)との連携フロー

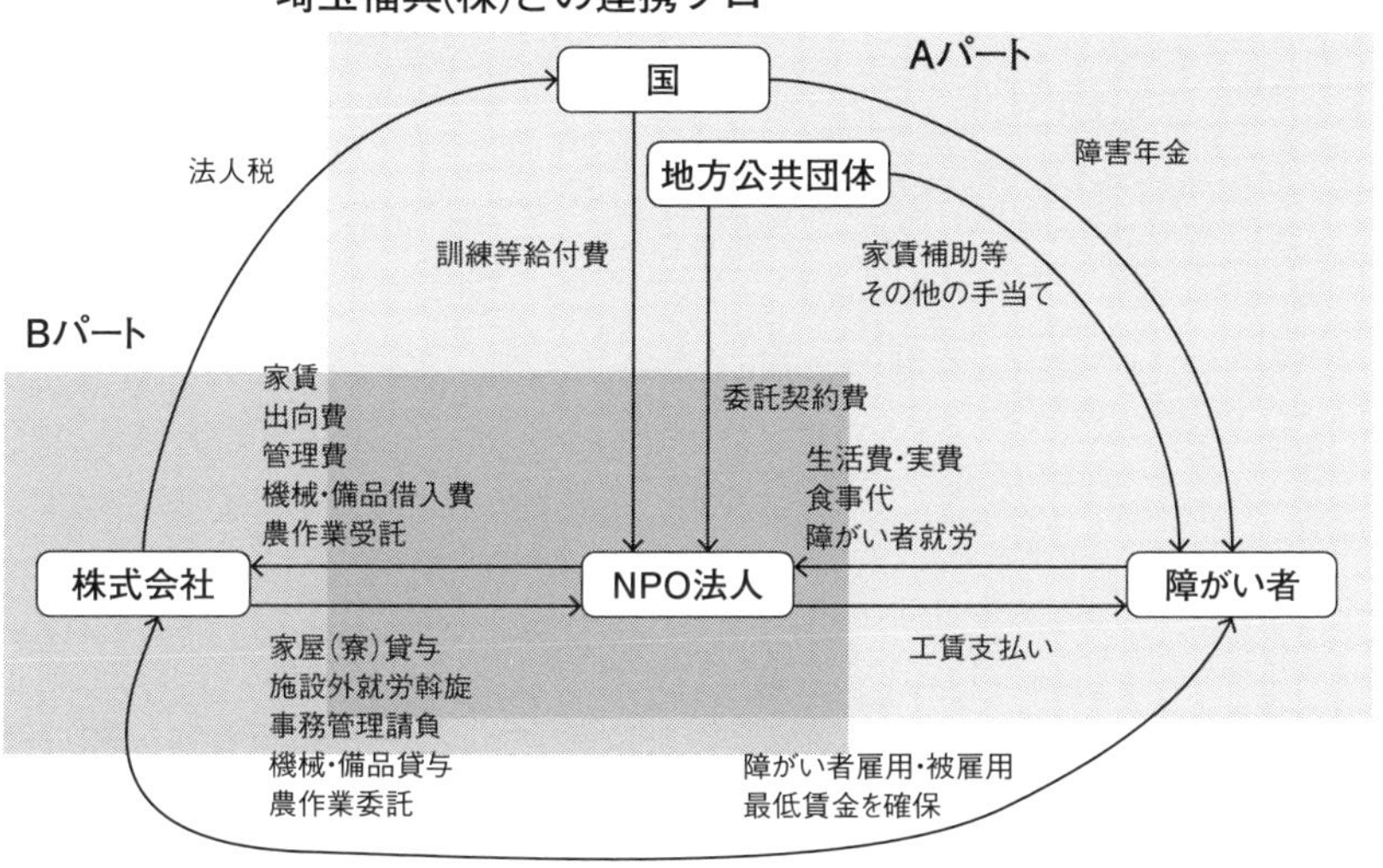

## 障がい者とＮＰＯ法人の関係

### 生活費・食事代と工賃

まず、Ａパートである「障がい者とＮＰＯ法人グループファームの関係」について説明しよう。

障がい者は、行政から受け取った障害年金や手当を原資に、生活費（７万５０００円）や食事代などをＮＰＯ法人に支払う。ＮＰＯ法人は行政から生活ケアの委託契約費や、福祉的就労についての訓練等給付費を受け取り、農作業の委託作業で工賃を障がい者に支払う。

**月額工賃**　２０１５年の月額工賃は一人当たり約１万４７２５円。最低額は５０００円だった。

夕食の準備（ホームクラリス）

**平日のタイムスケジュール**　障がい者の生活リズムは、個人差や同じ障がい者でも体調や通院状況によって異なる場合があるが、平日のタイムスケジュールは、おおむね次のとおりだ。

午前6時30分に起床し、午前7時15分から食事。その後、約2㎞離れた作業場に歩いて移動そこから各圃場へ。

午後4時に農作業終了。午後4時30分には生活寮に戻る。

平日は、午前9時から午後4時まで、休憩を除けば、5時間半ほど就労している。

生活寮では5人編成の班が六つ（男性4班、女性2班）ある。

職員は、農作業支援のため午前9時から午後5時まで勤務するほか、生活寮に常駐して24時間体制で生活ケアを行っている。ただし、メンバーの状態が安定しているときには、彼らの自由を保証するために、夜間、職員は滞在しない

表3－3　触法障がい者などの就労・雇用状況

| | 就労と雇用 | 身体障害 | 療育手帳 | | 精神障害者保健福祉手帳 | | 触法内容 | 生年 | 就労・雇用の開始 |
|---|---|---|---|---|---|---|---|---|---|
| | | | | 程度 | | 程度 | | | |
| B氏 | 就労 | なし | あり | 中度 | なし | — | 傷害 | 1983年 | 2005年5月 |
| C氏 | 就労 | なし | あり | 中度 | なし | — | 窃盗（累犯） | 1996年 | 2016年9月 |
| D氏 | 就労 | なし | あり | 中度 | あり | 重度 | 窃盗（累犯） | 1980年 | 2017年2月 |
| E氏 | 就労 | なし | あり | 中度 | なし | — | その他 | 1998年 | 2016年8月 |
| F氏 | 就労 | なし | あり | 中度 | なし | — | その他 | 1981年 | 2016年4月 |
| G氏 | 就労 | なし | あり | 中度 | なし | — | その他 | 1955年 | 2001年5月 |
| H氏 | 雇用 | なし | あり | 中度 | なし | — | その他 | 1986年 | 2009年11月 |

ようにしている。

生活寮と作業場は約2㎞離れているが、その距離と時間が、障がい者に適度な運動と歓談の時間を与えている。

こうした「農のリズムを中心とした規則正しい暮らし」は、障がい者間の生活上のトラブルを減少させ、触法障がい者の再犯防止にも役立っている（**表3-3**）。

## 「送迎時間がない」というメリット

居住空間から作業場に直接移動できることには、自宅から福祉事業所に通う場合と比べて、多くのメリットがある。

まず、送迎時間が必要でないことから、農作業時間が5時間半確保できること。さらに、夏場など暑い時期でも、作業しやすい朝方や夕方に近い時間帯の作業時間が確保できることだ。

また、毎日の生活リズムが規則的になることで、作業日や作業時間がきちんと確保できている。障がい者一人当たりの月間労働時間は、約110時間になっている。

これは、全国平均の78時間／月（厚生労働省「2015年度平均工賃月額の実績」の月額を時間額で割った値）と比較しても多いほうだろう。

このことは、障がい者の欠席や作業時間の実績で変動してしまう訓練等給付費を満額近く受給することに直結し、計画的な運営をするうえでも大いに助かっている。

## 一人年間300万円の下支え

Aパート（障がい者とNPO法人グループファームの関係）を見るとき、見落としてはならないのが、障がい者の生活ケアを通じた委託契約費や訓練等給付費などが、NPO法人が行う農業のリスクを低減しているという点だ。

障がい者一人の生活や農業就労にたいする行政からの支援を合計してみると、少なく見積もっても、年間約300万円ある。

この、一人につき年間300万円の「下支え」というものは、健常者である農業の担い手（一般的な農業経営体）にはないものだ。

つまり、障がい者には、農業所得や農外所得がなくても、農業をしながら生きていくことができる条件が確保されているということだ。

この差は、当然のことながら、健常者と比較して障がい者のほうが「生活・働く」にかかわる負担が大きいからだ。しかし、この生活にかかわる負担が大きいからこそ、NPO法人グループファームは、生活ケアを通じた委託契約費や訓練等給付費の安定的確保ができ、農業に伴うリスクの低減が実現できている。

つまり、NPO法人グループファームは、「生活のための農業」と「農業のための生活」

業務用タマネギの出荷

という状況を、うまくかみ合わせればかみ合わせるほど、安定的な農業経営が実現できるという状況にある。

居場所や生活の場がない障がい者、触法障がい者、身寄りがいない人、親族などに共同生活を受け入れてもらえない人々など、彼らを対象とする埼玉福興の場合には、Aパートの仕組みがうまく働いて、より安定的に生活と農業就労の場を提供できるのではないかと考えている。

## NPO法人と株式会社の関係

Bパート（NPO法人グループファームと埼玉福興株式会社の関係）について見てみよう。

農業は株式会社である埼玉福興が行い、NPO法人との間には「農作業受委託」および「機械・備品貸借」の契約を結んでいる。

これは、株式会社が農業に取り組むことで、資金調達を含めた対外的な信頼を確保し、農業収入や工賃確保と、その向上に責任をもって計画的に実現するためである。

農業に関する契約や販路拡大は、株式会社を窓口に行っている。

また、株式会社で農業に取り組んでいるのは、一般の農家と連携する場合、NPO法人としてよりも、株式会社としてのほうが連携しやすいと考えてのことだ。

しかし、グループ全体で、農業の収益改善に向けて取り組むさいには、株式会社とNPO法人との連携は、みんなの励みとなる。

そして、Bパートでも重要なことは、株式会社である埼玉福興が、生活部分（生活寮の管理請負や家賃収入）でベースとなる収入を確保できているからこそ、営農が安定的な経営を実現できていることだ。

ちなみに、グループ全体の取り組みが群馬県にも広がるなか、埼玉福興グループのブランド名をクラリスファームとした。これは、固有の地名がつかない名称にすることで、グループの一体的な取り組みを前面に出すというねらいがあってのことだ。

## 特例子会社などとの連携

### 特例子会社から花卉栽培を受託

埼玉福興では、全国に1000店舗を展開する株式会社松屋フーズの特例子会社・株式会社エム・エル・エス（埼玉県東松山市）から花卉（かき）栽培の仕事を受託している。ペチュニアやニチニチソウなど、松屋の関東一円250店の店内を飾るプランター用の花卉栽培だ。

この仕事は、松屋フーズの役員である宮腰智（とも）

裕さんと2011年に知り合ったことから、始まった。私も会員になっているさいたま障害者就業サポート研究会（サンライズの会）の事務局へ宮腰さんが入ってきたことから話が進み、2012年から仕事を受託するまでになった。

ちなみに、さいたま障害者就業サポート研究会（サンライズの会）は、障がい者就労に関する第一人者である朝日雅也さん（埼玉県立大学社会福祉子ども学科教授）を中心に、2003年に設立された会。同会は、障がい者の就労にかかわる人たちを対象に年4回の研修会などを開いている。

そして、この会が母体となって埼玉県にできたのが埼玉県障害者雇用サポートセンターだ。2007年にできた同センターは、障がい者の仕事の場を広げるために、企業の障がい者雇用に関する相談・支援をする県の組織。この種の公的組織としては日本初となっている。

花卉栽培を受託。ビオラへの水やり

ペチュニアなど花卉は連結ポット栽培

## さらなる障がい者雇用を生んだB型事業所とのネットワーク

宮腰さんと知り合った当時、エム・エル・エスが行っていた花卉栽培の事業は、同社が将来的に障がい者の雇用を増やしていくには、採算の合わない事業となりつつあった。

そのため、花卉栽培をする仕事の話は、ハウスをもつ埼玉福興がB型事業所として受けることにした。就労支援の仕事としては、販売先が固定できることから、生産に集中できるというメリットもあった。

花卉栽培の仕事を埼玉福興に委託したことで、エム・エル・エスは、花卉栽培を行っていたスペースで、新たな障がい者雇用を生み出すためのクリーニング工場を増設した。結果的に、障がい者雇用とB型事業所のネットワークは、さらなる障がい者雇用を生み出すこととなった。

現在、埼玉福興とエム・エル・エスとは、栽培から納品まで、安定した関係が続いている。また、エム・エル・エスとの良好な関係から、その親会社である松屋フーズへ埼玉福興のタマネギを納入するという関係にもなっている。

## 農業資材会社と事業パートナーを組む

埼玉福興の事業パートナーとなっているのが、熊谷市にある農業資材を扱う株式会社モリタネ（森隆志社長）だ。

モリタネが担当するのは、苗づくりに必要な自動播種機と苗資材の提供、そして苗販売の営業活動だ。一方、埼玉福興が担当するのは、障がい者によるハウスでの苗栽培。諸経費などは分けて各自が負担している。

それぞれが得意分野を分担することで、苗の生産を安定化させ、おたがいの事業拡大もはかっている。

うれしいことは、モリタネが埼玉福興の事業パートナーとして仕事をするなかで、ソーシャルファームの運営に自然とかかわるようになっていることだ。

モリタネの社員は、障がい者と働く場を必然的に共有することから、障がい者の抱える問題にも理解を示している。今では、森社長をはじめとする社員のみなさんが、ソーシャルファームとしての埼玉福興に惜しみない協力をしてくれている。

長ネギの苗

長ネギの苗を荷台へ運ぶ

積み込んだ苗は直接農家さんの畑まで運ぶ

図3−2　埼玉福興グループによる組織内外の連携フロー

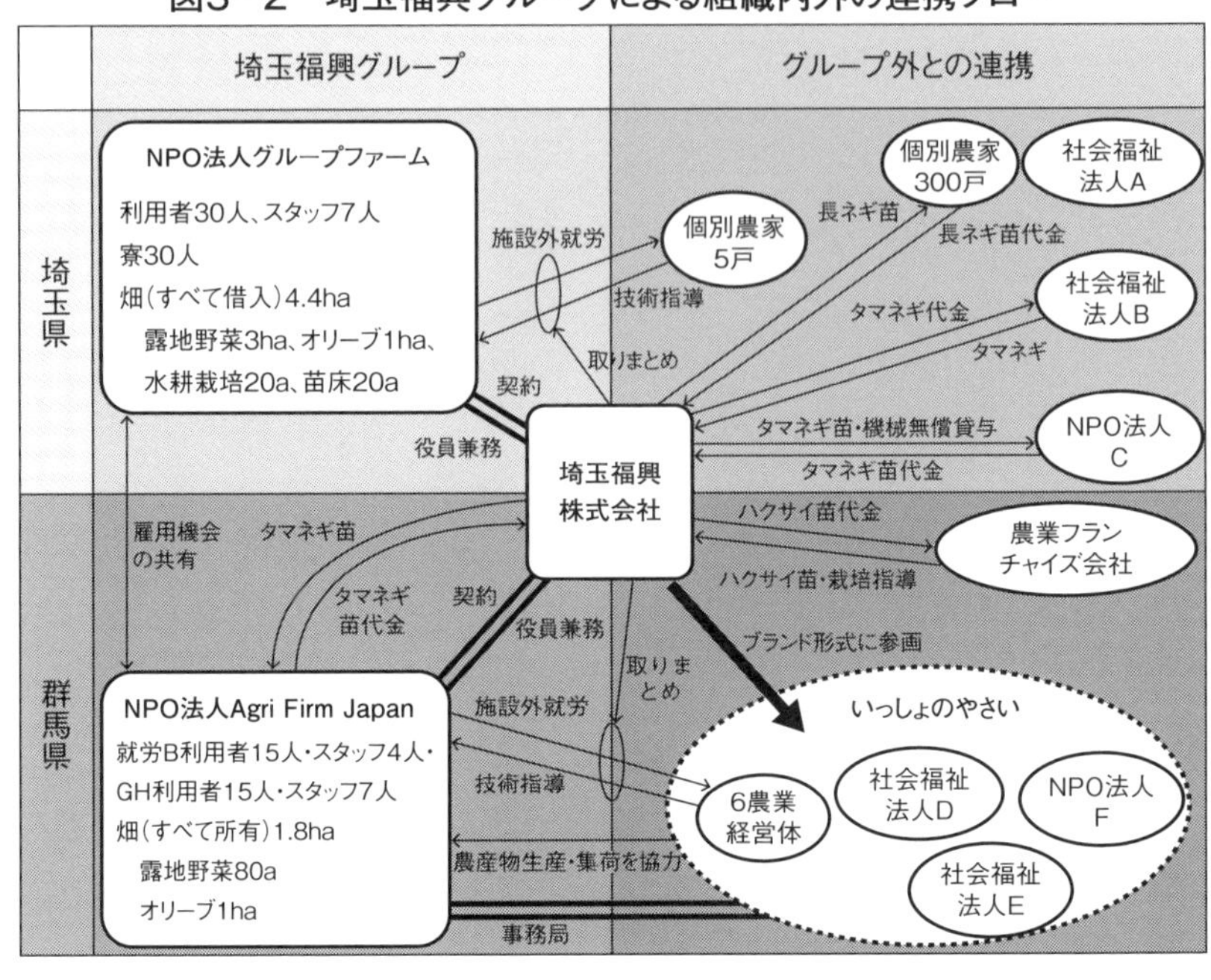


## 二つのNPO法人で雇用機会を共有

埼玉県内と群馬県内で展開している、埼玉福興グループによる「組織内外の連携フロー」を図３・２に示した。

基本的に、埼玉県にあるNPO法人グループファームと群馬県にあるNPO法人Agri Firm Japanでは、雇用機会の共有を行っている。

そして、露地栽培に関していえば、つくっている野菜は、埼玉県では主にタマネギだが、群馬県では主にハクサイである。

この作目の違いは、生産者との出会いに由来している。埼玉県ではタマネギ栽培をしていた野村典司さんとの出会いからタマネギ栽培となり、群馬県では、ハクサイ栽培をしていた農業生産法人ホウトク（武藤真堂社長）との出会いからハクサイ栽培となった。

ハクサイの収穫

作期分散も一つの条件ではあるが、基本的にAパート（障がい者とNPO法人との関係）とBパート（NPO法人と埼玉福興株式会社の関係）の連携は、作目にかかわらず展開できると考えている。

ハクサイをコンテナごと積み込む

## 農福連携で「いっしょのやさい」をブランド化

障がい者の職域や活動領域を広げるための窓口は、株式会社である埼玉福興が担当してきた。施設外就労の契約や、技術習得の機会などだ。

一般農家との関係も、埼玉福興が窓口となって、作業受委託の関係をつくってきた。NPO法人の施設外就労の契約なども同様だ。そしてそのさいには、施設外就労が障がい者の農業技術習得の機会となるように配慮してきた。

また、農業を手がけようとしている周辺の福祉事業所にたいしては、農業技術指導を行ったり、農業機械を無償で貸与したりなどして、農業への参入を促している。

そのうえで、かつて埼玉福興が農業に参入したときに販路の確保が課題であったことから、小ロット生産となりがちな事業所からの集荷をともに行い、販路の確保を実現している。

現在、福祉や農業に取り組む12団体で協力し、「いっしょのやさい」というブランドの野菜づくりに取り組んでいる。これは農福連携（農業と福祉のニーズを合致させた連携）を具体化した一つの試みだ。

現段階で、加盟している12団体は、次のとおり。

- 農業生産法人埼玉福興（埼玉県熊谷市）
- 農業生産法人ホウトク（群馬県高崎市）
- 農業生産法人元気もりもり山森農園（神奈川県三浦市）
- 社会福祉法人ゆずりは会（群馬県前橋市）
- 社会福祉法人明清会（群馬県伊勢崎市）
- NPO法人山脈（やまなみ）（群馬県前橋市）
- 社会福祉法人埼玉のぞみの園妻沼つくし作業所（埼玉県熊谷市）
- 社会福祉法人かりがね福祉会 OIDEYO ハ

「いっしょのやさい」のブランド名にして、ほかの団体との農福連携を実現

ウス（長野県上田市）
- 社会福祉法人歩む会福祉会ねぎぼうず作業所（埼玉県深谷市）
- NPO法人No Side（埼玉県深谷市）
- 社会福祉法人はぐくむ会（埼玉県寄居町）
- 妻沼小島丸系八ツ頭生産研究会（埼玉県熊谷市）

## 株式会社による農業生産拡大で職域の拡大を

埼玉福興グループの営農システムを、Aパート（障がい者とNPO法人の関係）とBパート（NPO法人と株式会社の関係）に分けて説明した。

現行制度下ではAパートのみでも自立的経営が可能であると思うが、埼玉福興では、「訓練等給付費への依存」から「農業所得への依存」にシフトしたいと考えている。つまり、株式会社による「農業生産拡大」＝「障がい者の職域の拡大」をめざしている。

埼玉福興では、働く場は訓練等給付費がない時期から障がい者雇用と自前の作業所での取り組みを進めてきた。そのため、訓練等給付費の制度が始まるまでの１９９３年から２００９年までは、「特定求職者雇用開発助成金」（特定就職困難者雇用開発助成金）、障害者雇用調整金報奨金などで障がい者雇用に取り組んできた。

特定求職者雇用開発助成金とは、厚生労働省の政策にうち雇用に関するもので、ハローワーク等の紹介で、就職が困難な障がい者などを雇い入れた事業主にたいして、賃金相当額の一部を助成するというもの。

そのような経緯があるために、時代とともに変更される行政の給付費や助成金だけに頼らないで、株式会社による自前の稼ぎで税金を減らし、未来を切り開いていきたいと考えている。

また、同時に「法人税等を通じた社会への還元」について、障がい者にも理解してもらいたいと思っている。法人税などを払うことで、社会の一員としての誇りを感じてもらいたいのだ。そのことを実現することも、埼玉福興株式会社の重要なミッションであると考えている。

最後に、以上のような営農システムが、事務スタッフとして雇用している難病の障がい者、ニート、シングルマザーなどの力に支えられ、運営されていることを、特記したい。

埼玉福興株式会社は、障がい者や労働市場で不利な立場にある人々のために、仕事を生み出す機会を提供するソーシャルファームとして、多様な組織とさらなるネットワークの構築を進めていきたいと思っている。

第４章

# オリーブ農園の開設でともに働く場を創出

これから搾油するオリーブ果実

# オリーブを求めて

## 小豆島へ向かう

スローライフで生きていこうと決意し、「この地域にないものはなんだろう?」と考えたとき、「オリーブ」がひらめいた。

しかし、当時の私はオリーブを食べたこともなければ、オリーブオイルを使うパスタなどが好きだったわけでもなかった。オリーブに出会い、その後、パスタが食べられるようになった人間である。

なぜ、オリーブがひらめいたのか。今もわからない。しかし、懸命に将来の生き方を考えていたがゆえに、天から啓示が与えられたのかもしれない。

日本でオリーブといえば、香川県の小豆島(しょうどしま)。2003年の梅雨時、まずはなんのあてもなく小豆島に1泊の予定で行った。

小豆島には、父が好きな自由律俳句で有名な俳人・尾崎放哉の終焉の地に南郷庵(土庄町(とのしょうちょう)・西光寺)があった。そのため、私はオリーブの手がかりを求めて、父は尾崎放哉の墓参りを目的に、新幹線とフェリーを乗り継いで小豆島へ向かった。

## パイオニア的存在のオリーブ園

小豆島ではオリーブ公園など小豆島の主要なところを回った。

宿泊したホテルの支配人に、なんのあてもなく来たこと、思いつきで来たこと、オリーブの栽培をしなければならないことなどを話した。

すると、その支配人から「明日、井上誠耕園に行ってみれば」というアドバイスをいただい

オリーブの路近くの石段（道の駅小豆島オリーブ公園）

た。聞くと、支配人は同社の3代目社長・井上智博さんと同級で、子どものころ野球部でいっしょだったという。

有限会社井上誠耕園は、1946年にオリーブの植樹を行った日本におけるオリーブ栽培のパイオニア的存在の会社。現在は3万7000坪ほどの広大な土地に3500本のオリーブを植え、オリーブオイルやオリーブを使った化粧品など、幅広くオリーブ製品の開発・販売をしている。

次の日タクシーに乗り、井上誠耕園を訪ねた。社長は留守だったが、たまたまいらした会長（元2代目社長）の井上勝由さんに出会うことができた。そこで、いろいろなことを話した。

今までの障がい者との日々、このままでは会社をやっていけないということ、スローライフで生きていこうと思っているということ、「オリーブだ！」というひらめきだけで小豆島に来たことなどなど。

すると勝由さんは、「そういうことであれば」と、当時の香川県池田町産業振興課に、「オリーブの苗を売ってあげて」と、話を取りつけてくださった。

小豆島では「小豆島＝オリーブ」というイメージを守るために、オリーブの苗は島から極力出さないようにしているとのことだった。我々が苗を分けてもらえたのは、とてもラッキーなことだった。翌年（２００４年）春、池田町産業振興課から苗木を譲っていただく約束をしてもらい、小豆島をあとにした。

初夏に咲く乳白色のオリーブの花

井上誠耕園の井上勝由さん（左）と著者

オリーブの果実や葉には、有用な成分が多く含まれている

オリーブ畑を守る仕事をする寮生

## 300本のオリーブを植樹

２００４年春、約束の苗木を受け取るため、父と二人でバンに乗り、妻沼から12時間かけて小豆島まで行った。まずは２００本の苗を、１本２５００円で買い入れた。

池田町産業振興課には地域の高齢者たちが詰めかけており、我々のバンに、２００本の苗木を詰め込んでくれた。

翌年には１００本の苗を買い入れ、車で送ってもらった。

オリーブを植樹するための農地には、20年間耕作放棄地だったところを借り、自分たちの手で開墾した。年代寮の前の土地（３反）と、妻沼南小学校の北側の畑（1反）だ。そこに、２００4年と２００5年の2年間で、合計３００本のオリーブを植樹した。

ところが、苗木を植えたのはいいが、オリーブは手入れされないままに放置された。

当時、会社の立ち上げにあたって1994年から役員として参加してもらった人に、元養護学校の校長先生・高橋錦一さん（当時、70歳代）がいた。

高橋さんには、毎日の朝礼やラジオ体操の担当、ハローワークへ提出する書類づくりなど、さまざまな仕事で助けてもらっていた。オリーブを植樹した当時は、高橋さんの音頭で素人農業に踏み出した時期だった。ダイズやソバなどを植えていたが、虫だらけになって全滅した時期である。

また、文房具関係の仕事の下請け業者がすべて呼ばれ、仕事がなくなる状況になってしまった。なぜか我々だけ下請け業者として残され、納期に追われている時期でもあった。そのため、オリーブは植えたものの、管理することがまったくできなかった。

しかし、結果的に、手をかけなかったことが、のちのち幸いすることとなった。

オリーブは否が応でも自然栽培となり、野生で健康に育っていったからだ。天敵もいない環境となり、10年後には、世界のオリーブオイルコンテストで銀賞や金賞をとるまでとなっていった。

## B型事業所のオリーブファーム開設

オリーブを初めて熊谷市に植えた2004年、この時期は元酪農家の森義夫さんに自由に改造していい元牛舎をお借りできることになり、私個人で農業を始めていた時期だった。

生活寮である年代寮を経営しながら、障がい者と下請け業務もこなしつつ、小さなハウスを建て、ベビーリーフの実験栽培も同時並行で進めていた。

我々が働く場所には、年代寮から寮生が通うだけでなく、地域のグループホームで暮らす障がい者も通ってきた。

我々は、ほかの福祉施設から受け入れを拒否され続けている障がい者も受け入れた。

小さなハウスを建てて実験栽培。農業のスタートはここから

また、「介護施設に入れないでいる人」を、「健康維持のため、歩いて通わせてくれるだけでいいから」と家族に懇願されて、ボランティアで受け入れ続けてもきた。

２００６年に「障害者自立支援法」ができ、国としても、障がいがあっても地域のなかで自立して生きていく方向に、福祉行政の舵を切りはじめた時期でもあった。

そんな一つひとつの歴史の積み重ねのなかで、我々は２００９年、B型事業所オリーブファームを開設することができた。

オリーブファームという名前は、農業で生きていこうと決意し、オリーブと出会ったことに感謝の思いを込めて、私が命名した。

オリーブファームを開設したことで、障がい者雇用とは別に、就労継続支援事業による訓練等給付費を確保することができ、持続可能な農業の仕組みを整えることができた。

# 世界一のオリーブを育てる

## オリーブ栽培に向いた地質・気温・日照時間

我々のオリーブ畑は埼玉県の北部に位置する熊谷市にある。畑の北側には利根川が西から東へゆったりと流れ、群馬県との境をなしている。オリーブ畑はすべて借地で、合計で1ha。ひらめきからオリーブ栽培を始めてしまったが、あとあと熊谷市という場所は小豆島に劣らずオリーブ栽培に適した土地であることがわかった。

オリーブは水はけの良い土を好む。このあたりの畑の土も利根川が運んできた砂を多く含むため、水はけがいい。

気温的にも、小豆島とほとんど変わりがなかった。

夏の熊谷市は「日本でいちばん暑い市」となり、冬は毎日のように霜が降り、赤城おろしという、強く冷たい北西の季節風が、12月から3月の間、毎日のように吹き荒れる土地柄だが、熊谷の平均気温は15度ぐらい。ほとんど小豆島と変わらない気温だ。

また、日照時間に関しても問題はなかった。オリーブが必要とする日照時間は2000時間以上といわれているが、熊谷の日照時間は2042時間。これは小豆島より100時間ほど多くなっている。

降水量に関していえば、年間500～1000㎜がオリーブに適当な降水量とされているが、熊谷は1290㎜。少し多めな状況とはいえるが、それほどの問題はない。

以上のように、地質、気温、日照時間、降水

オリーブ樹の移植作業

量の面から判断して、熊谷市はオリーブ栽培に適した土地ということになる。

## 品種は「ミッション」と「マンザニロ」「ネバディロ・ブランコ」

我々が栽培しているオリーブの品種は「ミッション」「マンザニロ」「ネバディロ・ブランコ」の3種類。いずれも栽培しやすいといわれる品種だ。

「ミッション」はアメリカ合衆国が原産国で、寒さに強く、主産地の小豆島では70％近くを占める品種。香りの良い油がとれるためにオイル用として人気が高い。

「マンザニロ」はスペインが原産国。世界じゅうで栽培されており、小さいリンゴのような丸い実をつける。主に漬け物など果実加工用に栽培される。

「ネバディロ・ブランコ」も原産国はスペイン。

オイルによく使われる品種で、耐寒性があり、初心者にも育てやすい。また、「幸せを呼ぶ」というハート形のかわいい葉を見つけやすい品種でもある。

この品種は受粉樹としても植えられている。オリーブは自家不和合性が強いため、異なる品種をともに植えなければ実がつきにくい。そのため、受粉を促して実つきを良くするために、他の品種と混植されることが多いのだ。

オリーブ苗への水やり

ちなみに、オリーブの開花は5月中旬から6月上旬ごろまで。果実の収穫時期は早くて10月初旬から11月中旬ぐらいまでだ。

これら3種は小豆島でも主要となっている品種で、日本のオリーブ栽培において歴史と伝統を背負った品種だ。

栽培は、前記したように、すべてが自然栽培となっている。肥料も農薬も使わない農法だ。そのため、夏ともなればオリーブ畑への立ち入りが困難になるほど草が茂る。しかし、樹の株下だけは風通しをよくすることを心がけ、こまめに枝のひこばえを切ったり、株まわりを除草したりしている。

オリーブの木を食べる虫にオリーブアナアキゾウムシという害虫がいるが、今のところ我々の畑では、まだ一度も見たことがない。また、「ミッション」という品種は炭疽病に弱いとされているが、一部で確認されている程度で、ほとんど見られないに等しい。
収穫したオリーブはすべて搾油し、オイルに加工している。

## 収穫祭を行う

２００４年にオリーブの樹を植えてから９年目の２０１３年12月9日、初めてのオリーブ収穫祭をクラリスファーム（農園）で行った。熊谷オリーブのお披露目も兼ねて、これまでお世話になった方々、50人を招待した。

エリアを超えて、ともに町づくりを行ってきた風土飲食研究会（深谷市にある風土に根ざし

ミッション

マンザニロ

ネバディロ・ブランコ

た食の価値を発信・研究する市民グループ）代表の飯塚雅俊さん（もやし生産の「飯塚商店」社長・『闘うもやし』著者）が、熊谷産オリーブの強力なファンであることから全面的にサポートしてくれた。

招待したのは、熊谷市農業振興課、農林振興センター、埼玉県農林部、商工会議所妻沼、株式会社モリタネ、株式会社キセキ関東、農業生産法人ホウトク、深谷たんぽぽ作業所、ＮＰＯ法人ひだまりなど、農政関係、福祉施設関係、飲食店、障がい者、農業者などだ。

農園で実際にオリーブの収穫を参加者で行ったのち、オリーブオイル搾油機の稼働見学、オリーブオイルソムリエ須永公人さん（エバーグリーンイノベーション代表）によるオリーブセミナー、オイルテイスティングなどと盛りだくさんのイベントが行われた。

また、武井一仁さん（包括的食育活動家）と、大瀧政喜（まさき）さん（やさい料理　夢オーナー）、二人のシェフがオリーブを使った料理をつくり、参加者にふるまってくれた。

大瀧さんは、当社産のサラダホウレンソウを原料に「やさいドレッシング」をつくっている商品開発のプロでもある。

この収穫祭は、東日本で行われた初めてのオリーブ収穫祭となった。

## オリーブ博士との出会い

「当社のオリーブは世界一だ」という想い。「オリーブはグリーンケアに最適だ」という想い。この二つの「想い」を大事にしつつ、オリーブ栽培に携わってきた。

その想いをもちつつ進んでいると、「オリーブ博士」ともいうべき大山康明さんと出会うことができた。

大山さんは、神奈川県藤沢市でオリーブオイ

オリーブセミナー（講師は須永公人さん）

ルの専門店の株式会社フレッシュオリーブを経営している方で、医学博士でもある。

スペイン、アンダルシア州から無農薬栽培のオリーブを冷凍させて輸入し、国内で搾油し、搾りたてのオリーブオイルを販売している。

大山さんからは、オリーブオイルに関するさまざまなことを学んだが、とくに「オリーブは収穫から搾るまでを一貫してやらないとだめだ」という学びはありがたかった。今では、大山さんがもっているオリーブオイルに関する特許（発明の名称は「オリーブ油の製造法及びオリーブ油」特許第４３１３０６０号）も使わせていただける関係になっている。

この特許は、オリーブオイルの品質劣化を防ぎ、長期保存しても、風味・色を損なわないために、果実または果肉をマイナス10度以下で24時間以上冷凍処理したのち、オリーブオイルを製造するというもの。

オリーブ果実を収穫する

搾油機に関しても、「お手伝いをするから」と懇願して、イタリアMORI-TEM社の搾油機を安く譲ってもらった。この機械は、オリーブオイルを搾るのに必要な工程を一台で行えるという優れもの。つまり、粉砕からペーストの練りこみ、遠心分離までを一台で行うことができ、左のノズルからはオリーブオイルが、右からは搾り粕が出てくるのだ。

## 搾油技術の向上をはかる

オリーブ博士の大山さんとの関係から縁ができたのが、一般社団法人日本オリーブオイルソムリエ協会理事長の多田俊哉さんだ。

同協会は、日本に入ってくるオリーブオイルのひどい現状を改善し、日本にオリーブオイルのスタンダードをつくろうと、2012年から国際規模のオリーブオイルコンテスト「OLIVE JAPAN 国際エキストラバージンオイルコン

収穫直後の果実

テスト」を主催してきた。

このコンテストは、世界トップ10の主要コンテストの一つに選ばれ、海外でも知名度の高いオリーブオイルコンテストとなっている。

大山康明さんとの関係から、このコンテストに出品できる機会が当社にもできた。そのため2012年から出品を試みた。当初は果実の収穫量が少なかったが、搾油を外部に委託して出品した。搾る技術よりも、収穫の未熟さなどのため、「こんなの出品するな！」というレベルの商品だった。そのことを知ったのは、のちになってからだ。

しかし、大山さんにオイルを搾る段階から指導していただいたり、2013年に小豆島で開催された日本オリーブオイルソムリエ協会主催のマスターミラー（搾油技術者）講座を受講したりするなかで、搾油技術も格段に向上してきた。

果実をペースト状にする

果実を搾油機に入れる

同講座は、二日間かけて、オリーブオイルを搾油するさいに問題となる品質管理のポイントを講義で学んだり、実際に搾油しながら機械の操作やメンテナンスの方法を学んだりと、搾油技術に関して総合的に学べる講座だ。当社では、障がい者を支える農業事業部マネージャーで、テレビ放送の技術関係の職場で働いてきた従兄の新井紀明が搾油を担当しているため、彼が小豆島まで出向いて講座を受講した。

## オリーブオイルが金賞に

搾油技術の向上もあり、２０１４年には当社の「clarice farm /Home Made Extra Virgin Olive Oil」が、東日本では初となる銀賞をとることができた。この年の出品は21か国からの４００品。そのなかから92の商品が銀賞となったが、当社のオリーブオイルもそのなかの一つに選ばれたのだ。

２０１５年には、搾油担当の新井紀明がさらに技術を積み重ね、群馬の仲間である株式会社アグリみらい21の圃場の果実を搾り、東日本では初の金賞を獲得できた。

そして、翌２０１６年には、ついに、我々のつくったオリーブオイルが金賞をとることができた。このときは21か国から６００品目が出品された。うち、金賞は２１３品。そのなかの一つに選ばれたのだ。

今年２０１７年は株式会社アグリみらい21が銀賞をとった。つまり、４年連続して、当社とその仲間が国際コンテストで賞をとったことに

オイル分の含まれた液相と残渣分の固相に分離

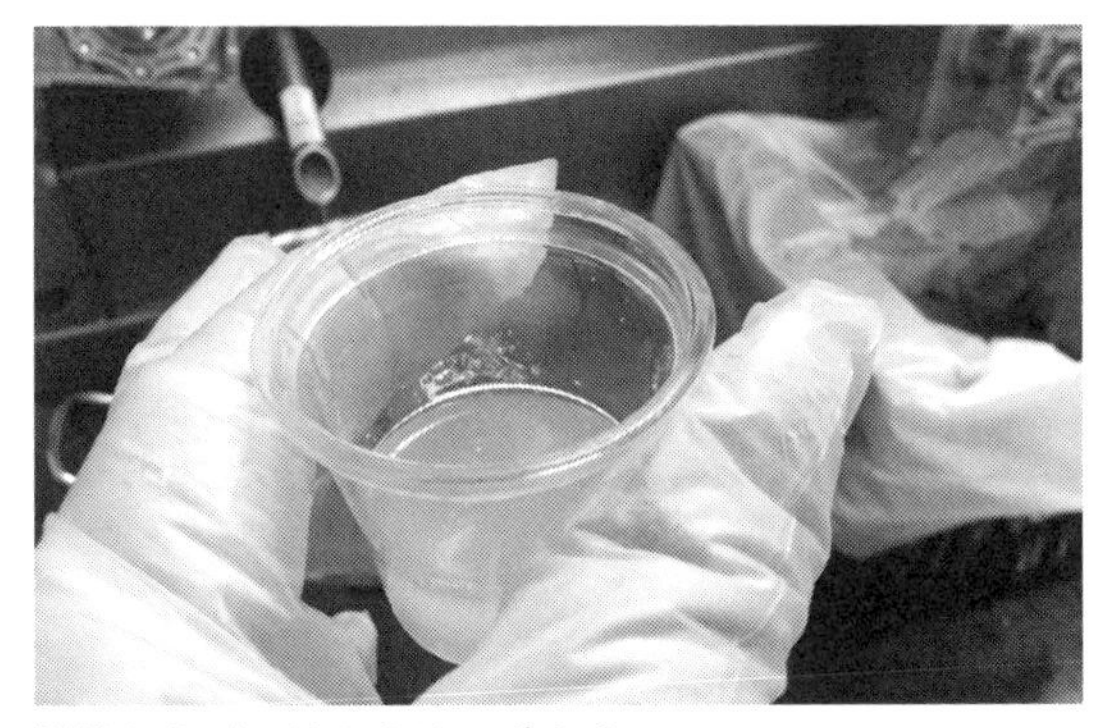
搾油したばかりのオリーブオイル

濾過で透き通ったオイルに仕上げる

オリーブオイルコンテストで金賞を受賞（出品前の状態）

なる。これらの実績を踏まえ、当社のオリーブオイルは常に賞をねらえるレベルにあることがわかった。今後は、金賞の上の最優秀賞（PREMIER）をめざしていきたいと思っている。

## マスターミラー講座の会場に

日本オリーブオイルソムリエ協会理事長の多田俊哉さんとの出会いから、当社が２０１４年開催のマスターミラー講座の会場に使われることになった。

理由は、当社の搾油担当・新井紀明が世界的にみても高い搾油技術をもっているからだった。同講座には、外国人講師など世界最高レベルの搾油技術者を招聘（しょうへい）し、講義と実習を行う。そのため、彼らと同等のレベルでなければ搾油の実演、補助もできないからだ。

ちなみに、オリーブオイルの品質は、「栽培

４割、搾油技術６割で決まる」といわれている。いかに搾油技術の高い技術者を確保するかも、品質のいいオリーブオイルをつくるうえにおいては欠かせない。

２０１６年にも同講座の会場として使っていただいた。

現在は、「質の高い搾油機がある」こと、「世界的レベルの搾油技術者がいる」ことから、県外の生産者からも搾油を頼まれることが多くなった。２０１６年度は外部からの依頼を受けて、計12回の搾油をした。この搾油の仕事をとおして、これまで福祉とは関係のなかった方々

搾油技術者講座の会場として提供

搾油中のオリーブオイル。その後、濾過し、透明なオイルに

マスターミラー講座の受講者のみなさん（2016 年）

にも自然と我々のソーシャルファームの理念に触れてもらえる。

当社の搾油したオリーブオイルの量はまだ少なく、販売するほどの量が生産できていないが、現在では群馬のアグリみらい21とともに埼玉と群馬を合わせて５０００本の木を植えた。

搾油機のメンテナンス

オリーブを植樹することで、オリーブの産地をつくっていくだけではなく、働きにくい人の仕事をつくっていく、農福連携の関係づくりにもなってきている。

## オリーブ１００万本計画

### 養護学校の校庭に20本

「オリーブ１００万本だ！」

オリーブを植えた各地で「ソーシャルファームの理念に基づいてビジネスを生み出し、働きにくい人たちの働く場所をつくろう！」と、訳もなくオリーブ１００万本を叫び続けて10年が過ぎた。

最初はいつもの反応だ。「すごいね」と言われるだけ。賛同してくれ、動き出しそうな企業もあった。

しかし、こちらの準備はもちろん不足。相手のビジネスにも結びつかず、企業のＣＳＲ（企業の社会的責任）にものらず、企業の裏側も見えてしまった。なかなかかたちにするまでにはいかなかった。企業や生産者と話していても、すぐにお金の話になってしまい、違和感を感じることが多々あった。

そんななか、別角度からことが動き始めた。

２０１２年12月、ＮＰＯ法人ココロネットの増田秀暁代表に呼ばれ、早稲田大学ＷＢＳ研究センター（商学学術院総合研究所）のソーシャルアントレプレナー研究会の講師として、ソーシャルファームの報告をした。

そのとき私の話を聞いていた方に、神奈川県の県立岩戸養護学校の校長先生・永合（なごう）秀行さんがいた。

永合さんは、「ソーシャルファームのオリーブ」ということに本質的な理解と共鳴をしてくださり、２０１３年3月、同校の校庭にオリーブの木20本（うち5本はプレゼント）を植えることになった。オリーブの栽培と独自の商品づくりをとおして学校の特徴を出したいというねらいもあったようだ。

永合さんからはオリーブの苗木を寄付したことにたいして感謝状をいただいた。あとから、実がついたといううれしい連絡もあった。

## 農福連携の仲間たちに植樹

農福連携で豊かな社会づくりをめざす仲間たちのところでもオリーブの苗を買い取ってもらい、植樹が進んでいる。

２０１３年には千葉県の社会福祉法人いずみ会袖ヶ浦学園に50本。

２０１６年には宮城県の一般社団法人東北に

茗荷村をつくる会に20本、福井県のＮＰＯ法人ピアファームに20本、福島県の社会福祉法人ころんに20本、植樹した。

社会福祉法人いずみ会袖ヶ浦学園は、千葉県袖ヶ浦市にある重度の知的障がい者の支援施設。農業に取り組んでおり、オリーブで特徴を出したいということから、すでにあった畑に植樹した。

東北に茗荷村をつくる会は、滋賀県にある大萩茗荷村の創立精神に基づいて、宮城県を中心に福祉活動をしている団体。

大萩茗荷村とは、日本における知的障がい児教育の先駆者である故・田村一二（いちじ）さんがつくった、農業を基盤としたさまざまな人たちの協働によるコミュニティ。「賢愚和楽」「自然随順」「物心自立」「後継養成」を「村是」とし、高齢者や障がい者が大家族としてともに暮らしている。当社と、東北に茗荷村をつくる会は、同会が販売している「Olive Leaf Tea（オリーブリーフティー）」などをともに商品開発してきた仲でもある。

福井県のＮＰＯ法人ピアファームは、耕作放棄地などを開墾、開拓して果樹を植え、果樹園・観光農園づくりをめざしている団体。社会福祉法人コミュニティーネットふくいの創設者・松永正昭さん（現、一般社団法人健康生きがいサポート互助会代表理事）の理念にのっとって運営されている。

松永さんは、「積極的福祉を求め、障がい者にも義務負担の努力を」というスローガンのもと、福井県のなかで「働きたい人に働く機会の提供と支援拠点の整備」をしてきた福祉界の重鎮。「義務負担」を担ってこそ、「完全参加と平等」が実現されるという考え方の持ち主だ。

２０１８年には一般社団法人健康生きがいサポート互助会に２００本を植樹する予定。

苗木の手入れをする

社会福祉法人こころんは、福島県西白河郡泉崎村にあり、泉崎村周辺の精神障がい者約130人を受け入れ、生活と就労訓練、就労の場を提供している団体。野菜や卵の生産に取り組み、生産物を加工し、自営の販売所までもっているところだ。

## 地区の小・中・高校に植樹

2014年は、私にとって、変な言い方だが「役員の当たり年」だった。

同年、二人の子どもが通う熊谷市立太田小学校のPTAの会長を務めることになった。同時に、熊谷市のPTA連合会の副会長、埼玉県のPTA連合会の副会長も務めることになった。さらに、二市一町（熊谷、深谷、寄居）の大里地域では地区副会長の任が回ってきた。

翌2015年には大里地域PTA連絡協議会の会長を務めることになった。2014〜

2015年の2年間は、多くの役職を抱えたため、「とても辛い日々」になるかと思いきや、意に反して、とても有意義な日々となった。

PTAから学校教育を支える立場となり、教育や学校というものが間近で見え、普通学級にいる障がい児のことも見ることができた。まさに、ソーシャルファームのための勉強の機会だった。

PTA関係者の前で話をする機会も多かった。そんなときには、「オリーブは未来の子どもたちのために植えている」「当社はソーシャルファームである」などという話をした。

すると、みなさんが我々の応援団になってくれた。そして、障がい者が主体的に生きている姿を特別支援教室の先生に「見せたい!」と、市内大幡小学校のバザーで野菜を販売することになった。まさに、障がい者が社会参加する姿を「意味のある場所」で、「意味のある理由」で、「人の役に立つ場」で、見ていただいた。

その縁から、2016年には地元の熊谷市大幡小学校・大幡中学校、熊谷工業高校にオリーブを1本ずつ植樹(寄贈)した。

PTAや地区の役員を引き受けたことで、今ではみなさんと地域の課題を話しあう仲間となり、さまざまな課題を障がい者のパートナーとして、ともに解決する関係となっている。

## 陸上大会にオリーブの王冠

2015年、2016年、2017年と3年連続で、当社のオリーブの葉でつくったオリーブの王冠が、熊谷市の熊谷スポーツ文化公園・陸上競技場で毎年4月に行われる陸上大会チャレンジミートゥinくまがやで採用になった。

同大会は、日本陸上競技連盟の公認大会で、中学生から一般まで幅広い選手が対象のトラック競技に特化した大会。2017年には

オリーブ製品のいろいろ

1500名が参加するほどの人気の大会だ。主催は熊谷市陸上競技連盟。

王冠採用のきっかけとなったのは、PTA活動をともにした女性がつないでくれ、同大会の役員である副会長の一人、関根恒喜（つねよし）さんを紹介してくれたことだった。また、熊谷和菓子花扇の高橋隆さんには材料としてオリーブの粉を使ってもらい、オリーブ事業の夢を理解していただいているだけに王冠採用を後押ししてくれた。関根さんはソーシャルファームのすばらしさを理解してくださり、そのこともあってオリーブの王冠採用につながった。

古代オリンピックでは、勝者にはオリーブの王冠が授与された。その勝者へのオリーブ王冠授与を、前々から熊谷市で行いたかった。その想いがついにかなったのだ。

2015年、最初に王冠が採用になったとき、限界まで走り切ってゴールの瞬間崩れ落ちる若者たちを見て、感じた。「スポンサーの協賛品にするだけでは軽いな」と。古代から勝者をたたえてきたオリーブの王冠という重みこそが、彼らの日々の努力や汗に応えるものだと。

日々の風雨に耐え、大地の恵みで育ち、障がい者の日々の労働でエネルギーを得るオリーブの樹。その枝を使って編まれるオリーブの王冠。勝者をたたえるには、これ以上のものはないと思っている。

オリーブの王冠は毎年10個用意するが、その王冠づくりは、熊谷市内でいちばん大きな花屋さん熊谷ノーエンの福島直美さんと宇佐美奈緒美さんが担当してくれている。彼女らもＰＴＡ活動を通じて知り合った女性たちだ。

このオリーブの王冠は、きたる２０２０年の東京オリンピックでも採用してもらいたいと思っている。福島県いわき市で耕作放棄地を利用してオリーブ栽培などをしているＮＰＯ法人いわきオリーブプロジェクトの面々と、採用に向けて、ひそかに準備を続けている。

## 次世代の子どもたちの仕事をつくる

オリーブを１００万本植える目的は、次の世代の子どもたちの仕事をつくることだ。そのために、植樹は我々大人がやらなければならない。

我々は未来の子どもたちのために、食料をつくり続ける。何百年かのちのことまでも考えて、子どもたちのためにオリーブを植えていく。

オリーブは何千年も生きる樹である。一度植えたら何千年も生きる社会資源となる。

そして、オリーブは、変わらないこと、変えてはいけないこと、人間として大事な何かを失わないように、いつも何かを教えてくれる存在だ。何千年も変わらない、持続可能な農業の象徴でもある。永遠に仕事が続く世界。それを残

オリーブ樹の剪定枝を活用し、子どもたちとともに箸をつくる

してあげることが、子どもたちにたいする大人の責任だと思う。

私が死んだときには、遺灰をオリーブの畑にまいてもらい、自らが次の世代のための肥やしとなりたいと思っている。死後も、樹とともに成長しながら、子どもたちのために生きたいと思うからだ。

## 「地球環境を守る」を仕事に

オリーブを栽培することのなかには「地球環境を守る」という使命もある。埼玉福興は、もともと障がい者の働く場をつくるための下請け作業からスタートし、スローライフで生きていこうと農業へシフトしてきた。

そのため、常に、どうしたら障がい者の働く場をつくれるかを考えてきた。野菜づくりには使えない畑にオリーブを植え、そこを管理することで、公園管理のように行政から管理費をいただく仕事にならないかとも考えた。畑を守ることを仕事にするのだ。

我々の圃場は利根川の土手に面しているので、土手一面にオリーブを植えれば、壮大な観光地になる。そうすれば、土手管理の仕事も生まれ、働きにくい人たちの仕事も生まれる。

野菜栽培に向かない畑にオリーブを植えることで畑を守ることができ、耕作放棄地の解消にも役立つ。

さらに、二酸化炭素を吸う樹をたくさん植えることで、「地球環境を守る」を仕事にできる。もし、食料難になったときには、オリーブ畑で野菜をつくればよい。

地球環境の悪化を防ぐために、我々が今できることは多い。

## 平和、知恵、勝利、豊穣の象徴

オリーブの歴史は、人類の歴史と同じぐらい古い。

旧約聖書の『創世記』に登場する「ノアの方舟」伝説では、今から約4500年前、ノアは、自らが放したハトがオリーブの葉をくちばしにくわえて戻ったことで、洪水が終わったことを知ったと記されている。

また、古代オリンピックにおいては、勝者を象徴するものとして、勝者にオリーブの樹でつくられた王冠が贈られた。

オリーブの樹は太陽の樹とも呼ばれ、古代エジプトでは、女神イシスがオリーブの栽培と利用を教えたとされている。

そしてオリーブは、ギリシャにおいてはフクロウとともに知恵の女神アテーナーに付随するシンボルとされてきた。アテナイが発行した銀貨には、表に女神アテーナーが、裏にはフクロウとオリーブの枝とが刻印されていた。

このように、旧約聖書やギリシャ神話の故事

オリーブ果実の収穫

などから、オリーブは「平和」「安らぎ」「知恵」「勝利」の象徴とされてきた。

また、古代地中海貿易の主要商品の一つであり、ホメーロスが「液体の黄金」とうたったように、オリーブオイルは「豊穣」のシンボルでもあった。

## 人類最初のビジネスネットワーク

オリーブ栽培の歴史は、約5000～6000年前、地中海東方の地域で始まったといわれている。その栽培を最初に完成させ、オイルに適した実の収穫に専念したのは、古代メソポタミア文明を生きた人々のようだ。

オイルは、当時の人々の重要なビタミン源であり、最良の薬であり、強い日ざしから皮膚を守るために欠かせない必需品であった。さらに聖なる神殿や裕福な人々の屋敷を照らすランプの燃料としても大切なものだった。

その後、オリーブはメソポタミアから中東に伝わり、紀元前2600年ごろにはクレタ島に生まれたミノア文明で、オイルの技術がより精錬された。クレタ島の人々の主な収入源はオリーブの栽培・収穫・販売・輸出であった。

紀元前2300年ごろからミノア文明が終わる紀元前1500年ごろまでのあいだ、オイル貿易はクレタ島の人々が独占しており、彼らのビジネスは地中海全域にまで広がった。

紀元前1500年ごろになると、通商・航海術にたけたフェニキア人、高い文明をもったギリシャ人、ローマ人によってオリーブの栽培地は広げられ、西洋最西端のスペインやポルトガルにまで広がった。現在、地中海沿岸地方はもとより、北米、南米、オーストラリア、南アフリカ、中国でも栽培されるようになっている。

小豆島は日本のオリーブの経済栽培の発祥地

日本で初めてオリーブの苗が輸入されたのは江戸時代末期。1908年（明治41年）に香川・三重・鹿児島で試験栽培が始まった。しかし、唯一、順調に育ったのが香川県小豆島に植えた苗だった。そのため、現在も、国内一の生産量を誇っているのは小豆島だ。

「人間の知恵がかたちになった人類最初のビジネスネットワーク」といっても過言ではな

いオリーブ栽培。当社では、このオリーブ栽培をソーシャルファームの仲間とともに広げ、２０２２年までに１００万本の植樹を達成したいと思っている。

## グリーンケアを担う

### オリーブはグリーンケア作物

埼玉福興のグリーンケア部門を担うのは５人。そのなかで社員としてリーダーを務めているのが精神障がい者の対馬伸也さん（１９７９年生まれ）だ。

グリーンケアがどういうものか、彼が書いた次の文章にわかりやすく説明されているので、紹介したい（「福祉農場にピッタリ　オリーブはグリーンケア作物」／「現代農業」２０１７年２月号より）。

オリーブのグリーンケアとしての役割を述べたいと思います。

みなさんは、作物を育てるとき、どんなことを感じていますか？　作物を育てていのは自分だが、逆に、自分が作物に育てられていると感じたことはないでしょうか？

グリーンケアは私たち埼玉福興が大切にしている理念で、植物を世話する（ケアする）ことを通して、その世話をする者も心身ともに癒されることです。

（中略）

彼ら彼女らは、少し扱いが雑なところもありますが、生命力の強いオリーブはそんな扱いを受けても平気なものです。そして、世話をする彼ら彼女らも心身ともに健康になっていきます。

私たちにとってオリーブは、もちろん農作物としての性格もあります。しかし、それ以上にグリーンケアとしての役目があります。障がい者にとって、数か月単位で変わるような仕事は不向きですが、樹の生長とともに同じ仕事が続くことは理想的です。千年以上の時を生きる樹とともに、みんなで歴史の一部になっていくという夢を見させてくれる存在でもあるのです。

## 真面目で真摯なリーダー

2013年、対馬さんはいきなり私の前に現れた。「ボランティアでやらせてください」と。今まで来た人たちの感触からして、「明日は来ないだろうな」と思っていた。しかし、彼は、毎日、自転車に乗って熊谷市内の自宅から通ってきた。

精神障がい者の受け入れは、5年以上、生活寮で支えてきたので慣れてはいたが、彼のケースはまれだった。

「それほど熱心なのであれば」と思い、話をした。すると、青山学院大学に入学したものの、人とうまくコミュニーションがとれず、体を壊して2年で中退せざるをえなくなったという。その後は、コンビニ弁当をつくる工場で働いていたり、新聞配達をしたりしていたらしい。

たまたま、箱折りをするB型事業所に1年半ほど通っていたとのことで、「障害福祉サービス受給者証」をもっていた。そのため、B型事業所のほうに入れば、お金も払えるので、B型からスタートしてもらうことにした。

当社には、いろいろな人から問い合わせや相談がくるが、基本的には、高い能力があってもなくても、仕事ができてもできなくても、B型事業所での仕事からスタートしてもらうように決めている。

オリーブの苗木への水やり

グリーンケアの実験の場

対馬さんもB型事業所で1年間がんばった。彼は鬱病を患っているため、冬場に弱いところもあるが、毎日、自転車で通ってきた。その働く姿勢は、我々の農福一体の姿勢でもあり、言葉は多くを発しないが、だれもが見習うべき存在であった。

1年後の2014年には当社の社員となり、今ではグリーンケア部門のリーダーとして先頭を走っている。

彼に、いちばん見習うべき点は、「真面目で真摯（しんし）である」ということだ。

私が、「この農法はどうなのか」などと聞くと、自分で調べて自分で実践し、言葉で表現してくれる。そして、彼は農業が好きなため、「視点」を与えてあげると、どんどんこちらの予想を超えてくる。

## 自然栽培の実験畑

仕事で担当する畑とは別に、対馬さんには、10aほどの畑を「自由に使っていい」と、任せている。

彼に、「今後の日本農業のことを考えたとき、我々には自然栽培も実験していく使命がある」と話したことがある。すると、彼も「やってみたいと思っていた」ということだった。そのため、自然栽培の実験は、対馬さんの一反の畑で、スムーズにスタートした。

自然栽培とは、無農薬・無肥料で行う栽培のこと。太陽・水など自然だけの力を頼りに、土中のバクテリアの働きによって、土や大気中にある窒素・リン酸などを栄養として取り込み、米・野菜・果樹などを育てる栽培方法だ。

現状の社会では、お金も必要であるため、「お金を追う農業」も必要だ。しかし、一方、今後、社会のシフトチェンジに伴って変わっていく農業に対応できるよう、「新たな農業理念」を生

グリーンケアのチーム

み出すことも必要だ。対馬さんはそれができる人だと確信している。

彼が自然栽培で自由につくっている畑では、米、野菜、ハーブ、花、オリーブ、レモンなど、100種類ぐらいの作物や果樹を見ることができる。

まさに、フランスのポタジェガーデンのような畑となっている。

ポタジェガーデンとは、ハーブや草花、野菜や果樹などを混植した、実用と鑑賞の両方の目的を兼ね備えた家庭菜園のことだ。

## 園芸福祉士となる

「植物を世話することをとおして、その世話をする者も心身ともに癒される」というグリーンケアの理念を自分のものとした対馬さんは、自らいろいろな行動を始めた。その一つが「園芸福祉士の資格をとりたい」ということだった。

そのため、2015年に対馬さんを連れて、群馬県倉渕村（現、高崎市）で農事組合法人フラワービレッジ倉渕生産組合を運営している理事長の近藤龍良さんを訪ねた。

近藤さんは、「(農水省関東農政局）関東ブロック・障害者就農促進協議会」の初代会長であり、NPO法人日本園芸福祉普及協会の副会長でもある。

フラワービレッジ倉渕生産組合は、近藤さんの息子さんが知的障がい者だったことから、彼の働ける場所をつくりたいと、1988年、一家をあげて千葉県松戸市から群馬県倉渕村に移住してきたことから始まった。

現在では、知的障がい者や地元の女性らを多数雇用し、さまざまな花やハーブを栽培し、クラインガルテンなどの経営も行っている。

クラインガルテンとは、ドイツ語で、「賃貸の小屋つきの庭」を意味する。ドイツでは約200年の歴史がある「庭」だ。日本では滞在型市民農園と称されることが多い。

近藤さんからは、日本にクラインガルテンをもってきた経緯や、日本園芸福祉普及協会をつくってきた歴史や理念などを聞いた。そのおかげもあり、対馬さんは無事、園芸福祉士となり、実践の現場でしっかりとその資格を生かしている。

ちなみに、関東ブロック・障害者就農促進協議会の会長には私が近藤さんのあとを託され、2015年から就任している。今後、ますます農福連携の現場の拡大をはかっていかなければならない立場となった。対馬さんには、私とともに最前線で、全国の仲間たちのためにがんばってもらいたいと思っている。

## ドローンの導入

対馬さんとの「福祉を興す」行動は、自然栽

自然栽培の実験場（２か所目）

培だけではなく、「未来型の農業」にも及んでいる。今後、農業分野においてさらに生産性と能力をあげるための新たなテクノロジーの導入だ。まずは、第一歩としてドローン（無人航空機）の導入である。ドローンがあれば、人力に頼ることなく畑の資材の移動ができ、水をまくことなどもできる。

また、人の移動もできるようになる。

ドローンの運転は遊びの要素もたくさんあるので、「引きこもりで家にいても仕事ができる」可能性がある。新たな職域の開発につながるかもしれない。

「農福一体」で事業を興す我々にとって、テクノロジーの導入はかならず必要になってくる。対馬さんは、あとになればなるほどむずかしくなるドローンの免許を早く手に入れようと準備し、２０１７年２月に一般社団法人農林水産航空協会が発行するドローンの免許「産業用マル

ドローンでオリーブ畑を撮影

チローターオペレーター技能認定証」を確保した。

これで、準備完了である。

現在は、これから必要になるであろう「農業データの集積」や、外国のソーシャルファームとの交流に備えて、B型事業所クラリスファームのプロモーションビデオ用の写真や動画などを撮っている。さらにはＡＩ（人工知能）、ロボット導入の準備を始めていく予定だ。

## ハーブの栽培・販売会社とコラボ

現在、オリーブの植えられた年代寮前の農場（5反）は、「ハーブと自然栽培の実験農場」となっている。

ハーブのほうは、ハーブの栽培・販売を行っている株式会社ポタジェガーデン（埼玉県久喜市）と2016年夏から協力体制を組んでいる。

2015年に、同社の社員だった井ノ瀬利明

自然栽培によるオリーブ畑

さんが当社のオリーブ畑を見学にきたことから同社とのお付き合いが始まった。「収穫をいっしょに手伝ってもらえるならいいですよ」ということで、オリーブのまわりの空いている畑でハーブの栽培を始めた。

ローズマリーやラベンダーを、たくさん植えた。我々には能力もノウハウもないので、栽培はポタジェガーデンに学びながら行っている。収穫は同社の社員とグリーンケアチームの５人がいっしょに行い、ともに販売までの仕組みづくりも始めている。

同社はオリーブの苗木をホームセンターに卸している会社でもある。そのため、オリーブの苗木栽培も当社に依頼している。また、水耕栽培でつくっている夏場のルッコラの営業もしてもらう関係となった。

今後は、事業を協力して行うことで、ともに発展していけるパートナーとなれればと思っている。

## ヤギを飼う

オリーブ畑で2016年から「メイ」と「モモ」というメスヤギを2頭飼いだした。ヤギの名前は寮生たちによる命名だ。

ヤギを飼おうと思ったのは、雑草の管理のため。ヤギがオリーブの下草を食べてくれるからだ。それと、「ヨーロッパのグループホームはヤギを飼っている」こともあり、当社でも飼いたいと思った。群馬県高崎市にヤギを扱う店があり、そこから買うことができた。

「いずれは福祉先進国であるヨーロッパを越えたい」「世界中のソーシャルファームとコラボしたい」「オリーブとイタリア野菜とチーズとワイン!」「チーズとヤギ」など、希望と連想がふくらみ、ヤギを現実に飼うことができた。

しかし、実際に飼ってみると、ヤギはオリーブの下草だけではなく、オリーブの葉や幹も食べることがわかった。

必然的に、ヤギがオリーブを食べないようにしながら散歩させたり、ヤギを草を食べる場所に固定させたりする仕事が生まれた。これらは、就労支援では働けない障がい者たちの仕事になった。

新たなグリーンケアの仕事が生まれ始めたのだ。

## ヤギから学んだ三つのこと

ヤギを飼って、いろいろ学ぶことができた。

まず、ヤギの世話は24時間にわたるので、1頭飼おうと100頭飼おうと、世話にかかる時間は変わらないということ。そして、本気でヤギを飼えば、事業になるということ。

あるとき、熊谷市妻沼のお菓子屋さんから、バーベキューのイベントを行うので、ヤギを貸

ヤギを散歩させるのもグリーンケアの仕事の一つになる

してほしいという申し出があった。そのイベントは日時まで決まっていたが、雨が降ったために、実現しなかった。

しかし、この体験から、「イベントのときにヤギを貸し出す」という仕事があることに気づいた。グリーンケアチームの仕事として、「ヤギのレンタルを担当する」という仕事を新たに生み出せたのだ。

そして、いちばんの学びは、「動物（ヤギ）を介すると障がい者同士のあいだに思いやりが生まれる」ということに気づいたことだ。

## ヤギと障がい者

グリーンケアチームには、就労支援事業が務まらないメンバーが集まっている。福祉的に見れば、「生活介護レベルの場所」が必要な人たちばかりだ。

「タバコがなければ危険なほどの暴力をふるう

人」、「自分のことは何一つできないのに、他人にたいしては24時間人の嫌がることしか言えない人」、「まったくの健康体なのに体の不調ばかりを訴え続ける人」、「若年性認知症の人」など、「精神障がい」と「重度の知的障がい」の重複的な障がい者のチームだ。

そんな彼らの一人が、仲間にたいして、次のように言った。

「おれが（ヤギの）めんどうみているから、先に飯食ってこいよ！」

こんなことを絶対に言わない人の口から出た言葉だ。

この言葉を聞いて、私は、世の中で動物セラピーが必要とされたり、EU（ヨーロッパ連合）のグループホームでヤギを飼ったりしているわけが、ストンと腑に落ちた。

我々のところに来る障がい者たちは、社会に受け入れてもらえず、施設でも対応できないトラブルメーカーばかり。基本的に、生まれてから愛情をかけてもらえない環境で育った人ばかりだ。

人との接し方をだれからも教えてもらえていないし、障がいがあるために、社会のなかで自然と学べることも学べていない。そんな彼らにとって、「愛情を注ぐ対象（ヤギ）がある」のは、すごく大きいことなのだと実感した。彼らにとって、ヤギを散歩させることには、とても大事な意味があったのだ。

今後、何とかヤギを放し飼いにして飼えるようなオリーブ農園にすることが、グリーンケアチームの手に届きそうな夢である。

オリーブ農園から見えた障がい者とヤギとの関係は、ソーシャルファームの事業を進化させるうえで、大事な部分を気づかせてくれるものとなった。未来に向けてのポイントは、働くということの変化と、社会の働くという概念を変えていくことだと感じている。

## 「居場所」の選択肢が足りない

オリーブとの出会いから14年。

オリーブ畑においてグリーンケアに取り組む障がい者たち。ヤギと彼らとの関係をとおして感じることは、社会には「居場所」の選択肢が足りないということだ。

現在、私たちは、「個々的にはとても良い制度」で人を区分けしている。

「高齢者は介護施設」へ、「重度の障がい者は福祉施設」へ、「障がい者でも働ける人は特例子会社」へ、「福祉サービスを利用することで働ける障がい者は就労支援事業所」へ、「重症の精神障がい者は医療施設」へ、と大まかに分けている。

しかし、私たちは人を「良い制度」で区分けすることで、その人の居場所の選択肢をせばめてはいないだろうか。

高齢者というだけで、彼らの活躍の場を排除してはいないだろうか。

ある人を「扱いにくいから」、「普通の生活ができないから」という理由で「障がい者」にし、施設で隔離し、彼らの「居場所」を少なくしてはいないだろうか。

これは私たちの問題であり、原因は我々にある。

## だれかの役に立つ場所に

高齢者や、就労という枠に入ることができない重度の障がい者でも、花を育て、街を彩ることができる。そのことで、働いた分だけ賃金を得ることができ、生きがいの場所をつくることができる。

今、当社では、障がい者たちが若年性認知症の男性のめんどうをみて、「いっしょにいられる空間」をつくりだしている。

彼らの「生きがいの場所」をつくることをめざしているが、最近は「それを越えた世界」にしなければならないと思っている。

「自然とそこにいられる場所」でありながら、同時に、「最後まで、だれかの役に立つ場」となるような場所だ。そうでなければ意味がないと考えている
超高齢社会、働けない人がたくさん生まれてくる社会、ＡＩなどテクノロジーの進歩により働かなくてもよい時代、あらゆる考え方が変わっていく時代。

そんな時代にこそ、ソーシャルファームの理念に基づいたグリーンケアをつくりだすことが、埼玉福興の使命だと感じている。

## 「オリーブ山」の物語

そこは大きな「オリーブ山」。

そのなかには、いろいろな人が住む場所がある。

そこでは、みんなが家族。

できない人は、できる人が支えてくれる。

できない人は、そこにいることで自然を支えている。

オリーブ山でとれた野菜やお米は、春夏秋冬の彩りが並び、食卓がにぎわう。

オリーブ山のどこかでウロウロしているヤギさんからミルクとチーズをいただき、とれたブドウのワインで酔っぱらう。

ちょうどそこに地球の裏側から農業チームが帰ってきた。

オリーブ畑の一角でくつろぐ寮生

その若者たちのたくましくなった顔に心がおどる。

世界の農業の話や、次の仕事にいつ向かうのかを酒の肴(さかな)に、久しぶりにそろった大家族が、明日への英気をともに養う。

そこで年長者から家族の報告だ。

おじいさんが酔っぱらってオリーブの樹に頭をぶつけて死んじゃった。

おじいちゃんらしく、ハチャメチャなピンピンコロリの最期であったと。

今はあそこの樹の下にいるよ。

じゃ明日、その樹の実を収穫してみんなで食べようね。いつも怒られていたからお返しだな（笑）

毎年、楽しいお返しだね！

あと、隣のコミュニティで子どもが生まれたから、俺ら（年長者たち）が母ちゃんと子どものめんどうみるので、みんなで手伝うように。

母ちゃんを一人にしないように、みんなで頼むぞ。

このような物語の世界をこれから実現させたいと思っている。

一気に理想には進めない。小さな歴史を少しずつ積み重ねながら、「オリーブ山」への道を登っていきたいと思う。

すでに、このような世界をつくりあげているところがあるかもしれない。そんなところとも積極的に交流していきたいものだ。

## 人生の真の喜び

イギリスの劇作家・評論家であるジョージ・バーナード・ショウの次の言葉が、オリーブにかかわる私の気持ちを代弁してくれているので、紹介したい。

〈人生の喜びとは〉

これこそが人生の真の喜びである。

自らが偉大だと認める目的のために働くことである。

世界が自分を幸せにしてくれないと常に文句を言い続ける興奮したわがままと病気の小さな塊(かたまり)ではなく、自然のひとつの力になることである。

私が思うには、私の人生がコミュニティ全体のものであり、命があらん限りそれに仕えることは、私の特権である。

死ぬときになって、悉(ことごと)く使われ果てていたいのだ。なぜなら、働けば働くほど、私は生きるからである。

人生は私にとって短い蠟燭などではない。この瞬間に掲げる素晴らしい松明(たいまつ)であり、次の世代にそれを渡すまで、できるだけ明々と燃やし続けたいのである。

（ジェームス・スキナー著『100%』より）

## 「障がい者」以外の相談

今まで、知的障がい者とともに生きてきた。しかし、最近は、精神障がい者や発達障がい者についての相談を受けることが多くなった。

対馬さん以外の精神障がい者との交流も増えてきた。むずかしいのは知的障がい者と精神障がい者がいっしょに仕事をすることだ。

仕事を分けて考えるのか？　いっしょに戦力として働ける環境を考えるのか？　今後の課題は多い。

一方、多様なケースが混在する我々の取り組みにたいして、障がい者に関する相談ばかりではなく、さまざまな相談が寄せられるようになってきた。

ある親御さんからは、「おとなしすぎる若者（子ども）」についての相談。

夫が突然うつ病になった妻からは、「（夫の）職場復帰のきっかけとなる場」として、当社を利用させてもらえないかという相談など。

まさに、ソーシャルインクルージョン（社会的弱者を積極的に受け入れる動き）が求められているのを感じる。

みんながともに働く場はどうしたらつくっていけるのか。

我々のオリーブ農園は、今はまだ小さいが、多様な社会的弱者のための「生活の受け皿」や「仕事の受け皿」となるまで、がんばらなければならないことは多い。

## 目白押しの見学・視察

オリーブをとおして、福祉に関係がある人だけではなく、いろいろな人が当社を訪れてくる。

さまざまな障がいのあるお子さんをおもちの親御さん、若手の農業者、就労支援事業者、農福連携について卒論を書こうとする早稲田大学や龍谷大学などの学生さんたち、音楽家（チェリスト）、オリーブ好きの人たち、都会のボランティアの人たち、コンサルタントの人たち、学童クラブの子どもたち（週ごとのレクリエーションに）などなど。

また、以下のようにさまざまな見学会や視察、ツアーなども、当社を舞台に行われている。

- 障がい児や精神障がい者の「親の会」・特別支援学校ＰＴＡの見学会
- 「社会への無関心を打破すること」を理念に、社会問題の現場へ行くスタディツアーを企画している「一般社団法人リディラバ」のツアー（テーマはソーシャルファーム）
- 「障がい者雇用」に関心のある方々の見学会
- 若いやる気のある農業生産法人の見学会
- 労務士の研修会（ハローワークに通う「働く気のない」人々へ、「障がい者が働く姿」を見せるため）
- 厚生労働省の人たちの視察（農福連携に関して）
- 農林水産省の人たちの視察（障がい者雇用などに関して）
- 法務省の人たちの視察（刑務所出所者などの受け皿としての可能性に関して）
- 全国からの議員の行政視察ツアー（農業と福祉関係）
- 埼玉県や千葉県内の農業委員会の視察ツアー
- 日中韓シンポジウム一行の視察（北東アジア農政研究フォーラム）

以上のように、全国津々浦々から世界の各地から、さまざまな分野から訪れてくださるみな

東日本でのオリーブ畑は珍しいせいか視察者が多い

視察者に埼玉福興の取り組みを説明（著者は中央奥）

さんに、私は、「ソーシャルファームの考え方」、「ソーシャルインクルージョンの意味」、「障がい者雇用について」などの話をする。そうすることで、みなさんの反応を見させていただいている。

そのとき、私には特別、当社のことを宣伝したいという考えはまったくない。しかし、訪れた多くの方々は、障がい者の自然に働く姿から、何かを感じとって帰られているようだ。

来た方それぞれが、当社のあり方から、「障がい者雇用」、「就労支援事業」、「福祉のあり方」、「農福連携」などにヒントを得、それぞれの持ち場でそれを生かし、行動してくれればありがたい。

どんな人でも働ける場が、一か所でも多く生まれることを、私は願っている。それは、どんなかたちであってもいい。働く幸せを与えてくれる場所でさえあれば。

ソーシャルインクルージョンの理念が少しでも世の中に定着するように、そんな思いを込めて、私は自分の時間が許すかぎり見学や視察を受け入れている。それこそが、今は亡き先達、師匠から学んできたことへの恩返しでもあると思っている。

第５章

# ソーシャルファームによる事業の新たな展開

タマネギの積みおろし

## 「困った」を解決するために

埼玉福興でオリーブを初めて植樹したのが2004年。以来、オリーブは13年間、農薬も肥料もいっさい使わない自然栽培で育ててきた。

また、社員で、グリーンケア部門を担っているリーダーの対馬伸也さんが、2014年以来、率先して自然栽培に取り組んできた。第4章でも触れたが、彼は自分だけの畑を1反持ち、そこで米や野菜、ハーブ、花、レモンなど100種類もの作物や果樹を自然栽培で育てている。

そんな自然栽培との関係から、当社では一般社団法人農福連携自然栽培パーティ全国協議会に参加した。2017年には私も理事となり、同会と一体となって農福連携による自然栽培の普及に努めている。

同会は「障がい者の働く場がない」「農薬や肥料づけになった作物が不安」「増えるばかりの休耕地、40万ha」「地方衰退の危機と人のつながり」など、四つの「困った」を解決するために、次のような宣言をし、実現に向けて活動している。

①現在40万haある休耕地の2・5%に当たる1万haを農地に戻す。

②無農薬・無肥料での栽培、作物の二次加工、販売などで、障がい者や「生きづらい」人1万人に、仕事を生み出す。

③障がい者施設500か所以外に、「生きづらい」人を支援する組織や企業などを含めて1万か所の参加を見込む。

④障がい者の平均工賃5万5000円（B型

事業者の場合）を達成し、障がい者が自立できる暮らしをめざす。

同会ができたきっかけは、愛媛県松山市に住む佐伯康人さんの三つ子が脳性マヒで生まれたことだった。子どもたちの将来を見据えて、障がい者福祉の仕事をするようになった佐伯さんは、リンゴを無農薬で育てている木村秋則さんに師事し、果樹や野菜の自然栽培に挑戦。その後、障がい者の賃金向上に成功し、ヤマト福祉財団の支援も得て、２０１５年４月に設立したのが同会だ。

２０１７年７月末現在、総会員数は80か所となっている。

## 「いっしょのやさい」のメリット

我々が育てている農福連携のブランドが「いっしょのやさい」だ。

作物をバラバラにつくるのではなく、売れる作物をそろえ、プロから技術を学び、仲間といっしょに収穫し、収量をまとめ、プロと同じところに出荷する。これら一連の農福連携形態を確立するのが柱だ。

ブランドを「いっしょのやさい」として統一することで、さまざまなことが可能になる。たとえば、栽培に失敗したところがあっても、出荷のフォローができる。また、「これだけそろえれば販売先が確立する」との話があれば、おたがいで仕入れを行い、販売先を増やすこともできる。販売ロスが生まれても、お弁当をつくっている仲間の施設などで、無駄にすることなく野菜を使うことができる。

人的にも、福祉事業所のスタッフと農業法人のスタッフが畑をともにすれば、そこに交流が生まれる。そして、「農業と福祉」をともに担う仲間意識が生まれる。

さらに、農業を志す若者たちがどんどん農作業に参加して障がい者と労働をともにすれば、「障がい者とともにいる」状態が普通のこととなる。

## 「いっしょのやさい」は農業でのソーシャルインクルージョン

2020年のオリンピックに向け、「いっしょのやさい」に有機JASの認証をとる取り組みを始めている。時間的に不安な要素もあるが、有機農業に取り組んでいる農家といっしょにやれれば間に合うのではないかと思っていた。

そんなとき、当社のスタッフ・森下慶（けい）さんの祖父・西澤明さんが群馬県神流（かんな）町で有機栽培を行っている農家だということがわかった。西澤さんは「もうやめようと思っていた」ところだったが、我々が施設外就労の仕組みで手伝えば「まだやれる」ということになった。西澤さんと有機の農産物を「いっしょのやさい」で販売できるような取り組みができたのだ。

「福祉が農業を支える」仕組みで、地域の農業を支援しながら、物量や品種をまとめることができた。今では、埼玉県内の「有機農業のプロの高齢者」と「新規就農の若手生産者」がともに「いっしょのやさい」でつながる関係も生まれている。

しかし、現段階では、「いっしょのやさい」は「有機栽培や自然栽培の野菜だけ」と、限定してはいない。「本来あるべき理想の農業」にシフトしていくため、有機や自然栽培の取り組みをスタートさせてはいるが、慣行栽培を行っている農家とも積極的にかかわりをつくっている。

「日本の食を支えている」どんな農家とも我々は連携していく。「いっしょのやさい」は、まさに農業でのソーシャルインクルージョンでもある。

農業のプロ、若手、障がい者がハクサイ栽培のワークシェアを行う

## 農業体験イベント開催

ニートや引きこもり、障がいのある子どもたちのために、NPO法人Agri Firm Japan主催で、農業の体験イベント「Farmworks ～みんないっしょ～」を２０１６年４月から２０１７年３月までの１年間、継続して行った。

タマネギの種まきから植えつけ、収穫までの農作業を年６回、体験するイベントだ。

ニートや引きこもりにたいしては、「外に出る場所」「機会」が増えることで、地域に顔見知りができるきっかけに。子どもたちにたいしては、外で農作業（土いじり）をすることで、思いっきり心身を解放させる機会となり、親の知らない面を親に見せる場面に。

さまざまな相乗効果が出るような農業体験イベントとして企画した。

当事者は、ニートの30歳代の女性が一人、知的障がい者と精神障がい者の夫婦が一組、参加した。子どもたちは、群馬県内の障がい児をもつ母親の会「いいとこ」を中心とした人たちの関係から、保育園児や幼稚園児、小学生が参加した。

年間をとおした参加延べ人数は100人に及んだ。このイベントをきっかけに障がい児の親たちとは、子どもたちの将来について親密な相談をしあう関係ができた。そして、思いがけず、イベントに参加した子どもたちが通う保育園に、2017年からタマネギなどの野菜を納入する関係も生まれた。

ちなみに、このイベントには、社会福祉法人群馬県共同募金会が企画した「地域から孤立をなくそう」というソーシャルインクルージョンを進める活動を支援する助成金（40万円）を使わせていただいた。

## 相談業務・放課後デイを開始

群馬県高崎市にあるグループホームのクラリスのある場所で、2017年4月から相談支援事業所くらりすを、同年7月から放課後等デイサービスのクラリスジュニア（児童デイ）を始めた。

相談支援事業所くらりすでは、障がい者の支援相談を行っている。ニートや引きこもり、精神障がい者、発達障がい者などに関して相談にきた人に、どういうサービスや生活支援が受けられるか、どういう就労プログラムがあるかなどを、関連事業所と相談のうえ、紹介している。

放課後等デイサービスのクラリスジュニアは、障がい児の「お預かり」事業。農業や食育中心のサービスを行っている。平日は14時から17時30分まで。学校が休みのときは、9時から17時までだ。畑でタマネギを植えたり収穫したりするなどの農業体験をたくさんとり入れている。担当者は、サービス管理者の資格をもったスタッフ。2017年4月からは独立行政法人国立重度知的障害者総合施設のぞみの園の職員だった白石律子さんが新たにスタッフとして中心的にかかわっている。

一般的に、障がい児は特別支援学校を18歳で卒業すると、障害年金の出る20歳までの2年間、大学に行ったり、専門学校に行ったりといった、健常児には保証されている選択肢がない。「働く」ことしか選択肢がないのが現状だ。その間、施設に入るにしても親の金銭的負担が大きい2年間となっている。

この2年間の選択肢を増やすために、障がい者が学べる農業の学校をいずれつくりたいと思っている。

## 農福連携の基準づくり

埼玉福興は、農福連携のブランド「いっしょのやさい」を立ち上げ、農福連携自然栽培パーティ全国協議会という組織にも参加している。

このように農福連携に関して我々は、先んじて物事を進めてきた。

そのようななか、安倍内閣が進める一億総活躍プランのなかに農福連携の推進が盛り込まれたことから、改めて「働き手がいない」農業と「働く場所がない」福祉の幸せな連携、マッチングとして農福連携が全国的に注目を集めるようになった。

その表れとして、２０１７年3月、全国農福連携推進協議会（会長は濱田健司ＪＡ共済総合研究所主任研究員）が92名の発起人によって創設された。私も最初から幹事としてかかわってきた。

同協議会の目的は、障がい者など社会的弱者が農産物を生産し、就業訓練や就業をする農福連携の取り組みを日本じゅうに広め、障がい者の自己実現の確立、地方創生、地域農業の維持発展につなげようというものだ。

同会は、農福連携にかかわる団体を包括するプラットホームとなる。

現在、農福連携とはいっても、規模的に小さな組織が多く、農福連携の定義や基準も明文化されたものはない。同会の活動の一つに、「農福連携に関する施策について政府その他関係機関に提言などを行うこと」というものがある。

目下、農林水産省や厚生労働省など国の機関が、農福連携に取り組む団体を支援しやすいように、農福連携に関する基準をつくり、国に提言していくことがテーマとなっている。そのさい、創設のときの記念フォーラムで事例報告をした京丸園（静岡県浜松市）、社会福祉法人こころん（第4章参照）、特例子会社ひなり（東京都千代田区）、埼玉福興などのような団体の取り組みが基準づくりの参考になるであろう。

## 尊敬する先達・師匠たち

私には、師匠と呼ぶべき尊敬する先輩方がいる。それは、全国重度障害者雇用事業所協会（以下、全重協）に参加してから同会で会った方々であり、同会の歴史をつくってきた方々だ。

初代会長の大山泰弘さん（日本理化学工業会長／第1章参照）や、宇治稔さん（故人・野菜ランド立山社長／第2章参照）、松永正昭さん（コミュニティーネットふくい創設者／第4章参照）など。

そのほか欠かせない師匠に、萩原義文さん（岡山県A型事業所協議会・会長）がいる。萩原さんは1984年に社会福祉法人旭川荘（2010年退職）に入社後、関連施設の有限会社トモニー（重度障害者多数雇用事業所）の専務取締役（1987〜2011年）や、株式会社トモニー・きずな（A型事業所　移行）の取締役（2008〜2011年）などを務めてきた人。

旭川荘は、1957年に岡山市に住む外科医・

川崎祐宣（すけのぶ）さんによって創設された肢体不自由児の施設旭川療育園が始まり。その後、社会福祉法人旭川荘となり、障がい者医療福祉、知的障がい者福祉、身体障がい者福祉、高齢者福祉、児童福祉、地域医療など、幅広い分野の福祉に取り組み、関連施設も多くもつ巨大福祉組織だ。

創始者である川崎さんのモットーである敬天愛人（天を敬い人を愛する）を組織の理念とし、「働きたい、働ける」という障がい者の切実な願いから、彼らの働く場所として有限会社トモニーや株式会社トモニー・きずなをつくってきた。

両社の理念は「ともに働き、ともに生きる」。旭川荘がもつ多くの関連施設での、食事づくり、洗濯・たたみ、屋内外の掃除、環境整備などの仕事を担当している。

## 師匠の理念を引き継ぐ

旭川荘の指導者として、また会社の経営者として長年働いてきた萩原さんから私が常に学んでいることは、次のようなことだ。

「企業人として、社会とのバランスを考えること」「制度に障がい者を合わせるのではなく、障がい者中心にものごとを考えること」「障がい者が働くことの本質」など。

萩原さんとは、「障がい者福祉は、かならず、原点・理念に立ち返らなければならない」という話をしている。そのため、私たちは原点・理念に立ち返るために、全重協をつくってきた大山さんと定期的に会う機会をつくっている。

大山さんは「仕事でいちばん大切なのは『働く幸せ』だ」という考え方の持ち主で、ファンも多い。彼を慕う女性中心の会「パートナーズの会」もあり、私も4年前から入会を許されて参加し、毎回、大山さんの語る「原点・理念」に触れている。

さらに、パートナーズの会では年に一度、障がい者雇用の視察旅行を行っている。そこでも、私は大山さんや萩原さんと会い、彼らの謦咳に触れている。2016年には、埼玉福興にも視察に来てもらった。

これら師匠から引き継いだ障がい者雇用に関する理念を我がものとし、次の世代に渡すことも私の役割だと思っている。

2011年には、農水省関東農政局関東ブロック障害者就農促進協議会もでき、2015年には私が会長の任についた。同会は、障がい者が、障がいの種類や程度に関係なく「働きたい」という望みと、その能力・体力に応じて、農業の分野においても就業できる環境を整備することをめざしている。「〝農〟マライゼーション、つまり障がい者や高齢者とともに農をもとにだれもが不自由なく暮らせる社会」の世界を関東10都県に広く普及させるのが急務となっている。

障がい者が「農業でも戦力になるんだ」ということを、現場の拡大をもって知らせ、その理念をしっかりと国にも伝えていきたい。

## 農工福連携プロジェクト

農作業をするうえで、障がい者でも使える自動制御システムがつくれないかと、さまざまな団体と協力して、農工福連携プロジェクトを進めている。

農福関係でかかわっているのは、当社と、「いっしょのやさい」の仲間である神奈川県三浦市の農業生産法人元気もりもり山森農園（山森壯太社長）。

工福関係でかかわっているのは、公益財団法人本庄早稲田国際リサーチパークと、サイボウズ株式会社、株式会社ワビット、有限会社奥進システムだ。

実のなる野菜に関して、温度管理や肥料などの自動調節を行ったり、作業日記をつくるさいに、写真をとって貼りつけるだけで日誌になったりなど、障がい者がスマホなどの情報端末を使って、自分で農業の管理ができるシステムの開発だ。

本庄早稲田国際リサーチパークは、早稲田大学・埼玉県・本庄市が出資し、早大本庄キャンパス内に設置された施設。主な仕事は次世代の地域づくりに向けた「知の協働」のプロデュースだ。担当者は、産学連携コーディネーターの佐藤徹さん。

マルチ素材を回収する

早稲田国際リサーチパークで（奥が佐藤徹さん）

周年で作業できるのが水耕栽培の強み

サイボウズはグループウェアの開発・販売・運用を専門とする会社。さまざまなチームワークを支えるソフトウェアの開発が得意分野。

ワビットは福岡県北九州市にあるコンピュータシステムに関するソフトウェアの設計・開発などを行う会社。担当者は、同社のスマートアグリ事業部の小林一晴さんだ。

そして、奥進システムはＷＥＢ（ウェブ）システムの開発（アプリケーションの専業開発）を行う大阪の会社。この会社は工福連携ともいえる取り組みをしている会社で、従業員10人のうち障がい者は８人。

西日本の障がい者雇用を牽引（けんいん）する障がい者雇用企業である。公益社団法人全国重度障害者雇用事業所協会の常務理事であり、東と西の障がい者雇用の連携を新しいかたちにしていこうと行動している。

在宅勤務などもとり入れ、フレキシブルな勤務形態をとっている。２０１２年に、就労定着支援システム＝ＳＰＩＳ（エスピス、精神障がい者の日々の体調をＩＴで把握する）を開発したことで知られている。

これら六つの農工福にかかわる組織が連携して、現在、当社を舞台に自動制御システムの実証実験が行われている。

## 赤城おろし経済圏をつくる

## ジャルダン・ド・コカーニュを参考に

地方の疲弊がいわれて久しいが、我々は、自分たちの住む地域を「我々の手で！」活力のある、世界じゅうから注目を集めるほど魅力的な地域に変えていきたい。

収穫体験イベントでにぎわう

フランス全土には「桃源郷の農園」を意味するジャルダン・ド・コカーニュ（以下、ジャルダン）と呼ばれるＮＰＯが、約１３０か所あるといわれている。

ジャルダンは、失業者やホームレスなど、あらゆる社会的弱者を労働力として平等に雇用し、無農薬野菜をつくり、それを市民が購入することで、彼らを自立させるという「トライアングル型の社会モデル」を実践している場所。

それは、消費者が安全な野菜をつくる農場に代金を前払いすることで、農場を安定的に支えるという、ＣＳＡ Community Supported Agriculture ＝地域で支える農業）の実践でもある。

このジャルダンが体現している「トライアングル型の社会モデル」を参考に、ソーシャルファーム（社会的企業）の理念に基づいた独自の地域を仲間とともにつくっていきたいと思っている。

場所は我々が事業を展開している埼玉県と群馬県。赤城おろしが吹く地域なので、赤城おろし経済圏と名づけた地域だ。

## オーガニックな「故郷」をつくる人たちと

赤城おろし経済圏をどのように具体的につくっていくのか。今、ともにアイデアを出し合っている中心メンバーに加賀崎勝弘さん、ハッタケンタローさんがいる。

加賀崎勝弘さんは「PUBLIC DINER」の代表で、彼の両親が1968年に開店した和風定食屋の加賀家食堂を引き継いだのち、カフェ・レストランのパブリックダイナー、カフェ・バーのパブリックカルチャー、ベーカリー・カフェ「パンと、惣菜と、珈琲と。」など都会的な空間デザインの飲食店を次々と、熊谷市内に展開してきた人物。

熊谷市で生まれ育ち、東京の大手広告代理店で10年を過ごしたのち、熊谷に戻って次世代のための故郷づくりに励んでいる。

加賀崎さんの店で使われる食材は、熊谷市や、地域ぐるみでオーガニックに取り組む埼玉県小川町産の無農薬・有機野菜。惣菜やデザート、ドレッシングは、化学調味料、合成保存料をいっさい使わない自家製のもので心と体に良いものばかりだ。

ハッタケンタロー（八田謙太郎）さんは、プロデューサー、グラフィックデザイナー。「農的幸福＝土と平和」をキーワードに2007年から行われている大地に感謝する収穫祭「土と平和の祭典」をプロデュースしてきた人物。

横浜に生まれ、大田区に20年間住んだのち、商社を辞めて2011年から埼玉県小川町に住んでいる。

今、加賀崎勝弘さんとハッタケンタローさん、私たちを中心に、オーガニック、ジャルダン・ド・コカーニュなどをキーワードに、赤城おろし経済圏で新たな仕組みができないかとアイデアを出し合い、かかわり合っていくようになってきた。

関係するすべての人たちのビジネスが発展し、それが、最終的には全体的なソーシャルファームになっているというような仕組みを探っている。

## 「日本一住みたい街」に

赤城おろし経済圏がめざすのはポートランドのような街だ。

ポートランドはアメリカ、オレゴン州北西部にある美しい自然の景観に恵まれた豊かな街。環境にたいする市民や行政の意識が高く、オーガニックにたいする関心も高い都市だ。各種調査機関のアンケートでも、常に「全米でもっとも住みたい都市」に選ばれている「おしゃれな都市」だ。そんな街に赤城おろし経済圏の都市がなれたらいいなと願っている。

そのために、まずは、利根川の土手をオリーブで埋め尽くしたい。赤城おろし経済圏をオリーブの産地とすることで、みんなが訪れてくれる観光資源自体をつくりあげたい。それをもとに、いずれはポートランドのように、世界から「住みたい街」といわれるような地域に育てあげたいと思っている。

農業という土くさいつながりで、おしゃれな街をつくりあげたい。

日本じゅうから観光者や視察団が訪れる地域に、そして、いずれは世界じゅうからも観光客が押し寄せるような地域に、我々の手で「赤城おろし経済圏」を育てあげたいと思っている。

## 研究対象に

当社にはさまざまな方が、見学・視察・研修に訪れるが、当社の事業、当社のあり方を研究対象とする研究者の方々もいる。

早稲田大学人間科学学術院教授の天野正博さんが率いるグループの研究開発領域は、「持続可能な多世代共創社会のデザイン」。

当社は「持続可能」も「多世代共創」も該当することから、当社を対象とすればすべて研究できるということで、２０１４年11月から２０１５年3月まで、何度も研究者の方々が足を運んでくれた。

残念ながら、文部科学省の助成金が下りなかったために、本研究には至らなかったが、「プロジェクト企画調査」の報告書はかたちになっている。報告書のタイトルは「農地と里山が結ぶ多世代参加の医農福連携モデル」。

また、２０１６年当時、同じく早稲田大学人間科学学術院の博士課程に在籍していた小川真如（まさゆき）さんは、当社を研究対象の一つとして、「医福食農の経営形態とその効率的経営の課題——埼玉県の2事例の比較分析より」という論文を書いている。これは、同大学持続型食・農・バイオ研究所が行った研究「農学・バイオ・社会科学の融合研究体制を基礎とした持続的な食料供給体系の確立」（代表研究者・天野正博）の一部だ。

『日本でいちばん大切にしたい会社』（あさ出版）を著した法政大学大学院政策創造研究科教授の坂本光司さんも当社に注目した。坂本さんは予定していた日時に病気のため来られなかったが、彼の研究室のメンバーの佐藤浩司さん、桝谷光洋さんたちが取材にきた。

当社のことを、「障がい者の枠を超え、社会問題を解決しながら楽しい生活の場、仕事の場を創造していく」というタイトルで文章にしてくださった（『幸せな職場のつくり方～障がい者雇用で輝く52の物語～』坂本光司&坂本光司研究室編・ラグーナ出版）。

## イタリアの障がい者デザイン集団に依頼

２０１６年10月14～16日、「土と平和の祭典」が東京の日比谷公園で行われたとき、当社も農福連携のブースを出した。

そのさいに知り合ったのが、自然派（ナチュラル）ワインを販売していた高橋心一さんとＮＡＯＫＯ（奥村奈央子）さんだ。高橋さんは映像作家、ＮＡＯＫＯさんはプランナー。二人は、杉並区で「HUMAN NATURE」という自然派ワインと福祉雑貨の販売を行っている。

私が、注目したのは、彼らが扱う自然派ワインに貼られたラベルのユニークさだった。聞くと、イタリアのＮＰＯ福祉法人ラボラトリオ・ザンザラ（Laboratorio Zanzara）という団体の障がい者がつくったデザインだという。

高橋さんは２０１３年から1年間イタリアに滞在中に、有機ブドウを野生の酵母で自然発酵させ、醸造過程で何も足さない、何も引かないという昔ながらの手法でつくられるナチュラルワインに感動。イタリアのナチュラルワインの販売を始めた人だ。

一方、ＮＡＯＫＯさんは、ラボラトリオ・ザンザラの作品に感動し、彼らの作品を日本で紹介している人。二人は、自然派ワインと福祉雑貨の販売をとおして、社会がかかえる課題を創造的に解決しようとするクリエイティブチームだ。
ラボラトリオ・ザンザラは、２００１年にイタリアのデザイナーとソーシャルワーカーが共同で設立したＮＰＯ福祉法人。精神障がい者一人ひとりの個性を大切にし、人間性と技術の向上に焦点を当てながら、想像力と手仕事による創造を行っている団体。社員全員がデザイナーで、オリジナル作品をつくるほかに、企業や自治体などのグラフィック作品も手がけている。

ラボラトリオ・ザンザラと NAOKO さんによる製品デザイン

その彼らに、私はＮＡＯＫＯさんと高橋さんをとおして、クラリスファームのデザインを依頼した。将来、販売できる量の自家製オリーブオイルができたとき、その商品に貼るラベルだ。現在は、さまざまな人や組織との関係づくりにプレゼントでオリーブオイルを配っているが、その製品にもこのラベルを貼りたいと思っている。

デザインを買い取れば、そのデザインを当社の障がい者たちで、Ｔシャツにつけたり、オリジナルグッズにつけたりと、彼らの仕事も生まれる。イタリアと日本の障がい者によるコラボレーション作品が生まれることになる。

## 「SELA2017」に参加

２０１７年６月23・24日の両日、韓国・ソウルの韓国商工会議所において、「Social Enterprise Leaders Alliance（ＳＥＬＡ）」が

発足した。ＳＥＬＡは、社会的企業および社会経済における現在の課題と今後のあり方について話し合うため、まずは韓国からアジア諸国とのつながりを確立し、全世界に拡大していく予定だ。２０１２年から国際会議を開催してきたが、２０１７年のテーマは「今後10年間における、アジアを中心とする地球規模の団結」。

企画は韓国社会的企業振興院（ＫＯＳＥＡ）と社会的企業研究院（ＲＩＳＥ）。主催は、雇用労働部（ＭＯＥＬ）だ。

参加国は韓国のほか、タイ、中国、マレーシア、ベトナム、そして日本。日本からはソーシャルファームジャパンのメンバーである社会福祉法人共生シンフォニーの常務理事である中崎（なかざき）ひとみさんと、私が参加した。

共生シンフォニーは、滋賀県大津市にあり、さまざまな事業を行っている。中崎さんは、そのなかの一つ、がんばカンパニー（Ａ型事業所）の施設長も務めている。同社は従業員64人（うち障がい者は47人）。「国産・無農薬・無添加」材料による焼き菓子を生産し、売り上げは１億３０００万円（２０１６年）にのぼっている。

## アジアのネットワークをつくる

ＳＥＬＡには、アジア全域における社会的企業の政策、支援計画、実績を共有するために、関係する政治家、社会起業家、インパクト投資家、仲介支援組織、民間施設が招集されている。

ちなみに、２０１６年9月に発表されたトムソン・ロイター財団による「社会的企業に関する優良国家」に関する調査レポートでは、世界経済上位44か国のうち、韓国は第9位。日本は40位。1位はアメリカとなっている。

アジア地域において、社会的企業がもっとも多いのは韓国ということだ。

韓国には社会的企業振興法があるが、制定から10年に満たない2016年9月時点で、（準）社会的企業の数は約3000社に達している。そのため、社会的企業に関する国際会議も韓国

視察者にオリーブ畑などを案内する著者（左）

がリードして開催してきた。加盟各国間で社会的企業の政策やトレンドに関する情報交換が行われたあと、韓国や中国における「社会的企業における政策的課題」などが話し合われた。

私は初めての参加だったが、SELAが欧米のモデルをそのまま適用するのではなく、アジア各国の歴史的背景を生かしながら、各国の関係者が一堂に会し、社会的企業を増やすためにネットワークを組んでいこう、いっしょに手を結ぼうという姿に、新たな時代のスタートを感じた。2017年10月には、中国と韓国のソーシャルファームに関心のある団体から、当社への視察も予定されている。

農業の分野を土台にして障がい者など就労困難者のために、ともに働く場と機会を生みだすソーシャルファームの可能性を日本国内はもとよりアジアに、そして世界各地に向けて発信したいと思っている。

## ◆主な参考・引用文献一覧


働く幸せ／大山泰弘（WAVE出版）
道をひらく／松下幸之助（PHP研究所）
農福連携による障がい者就農／近藤龍良（創森社）
農の福祉力で地域が輝く～農福＋α連携の新展開～／濱田健司（創森社）
ソーシャルファーム～ちょっと変わった福祉の現場から～／NPO法人コミュニティシンクタンクあうるず編（創森社）
グリーン・ケアの秘める力／近藤まなみ／兼坂さくら（創森社）
幸せな職場のつくり方～障がい者雇用で輝く52の物語～／坂本光司＆坂本光司研究室（ラグーナ出版）
SAI　2011・03（社会福祉法人埼玉県社会福祉協議会）
AFCフォーラム　2011・11（日本政策金融公庫）
ゆうゆう　62・2012（萌文社）
栄養と料理　2013・09（女子栄養大学）
ノーマライゼーション　2014Aug（公益財団法人日本障害者リハビリテーション協会）
環境福祉学会　NewsLetter26 Sep 2014（環境福祉学会）
働く広場　2015・08（独立行政法人高齢・障害・求職者雇用支援機構）
刑政　2015・11（公益財団法人矯正協会）
Agrio　2017・03.21（時事通信社）
タウンタウン小麦　2017vol20（認定NPO法人くまがや小麦の会）
リハビリテーション　2017・04 No592（社会福祉法人鉄道身障者福祉協会）
水稲の飼料利用の展開構造／小川真如（日本評論社）
障害者の経済学／中島隆信（東洋経済新報社）
障がい者の仕事場を見に行く／小山博孝ほか（童心社）
司法システムから福祉システムへのダイバージョン・プログラムの現状と課題／石川正興編著・早稲田大学社会安全政策研究所（成文堂）
ブ～ケを手わたす知的障害者の恋愛・結婚・子育て／平井威・「ぶ～け」共同研究プロジェクト（学術研究出版）
山の学園はワイナリー／川田昇（テレビ朝日）
茗荷村見聞記「復刻版」／田村一二（北大路書房）
福祉の思想／糸賀一雄（NHK出版）
みんな神様をつれてやってきた／宮島望（地湧社）
育てて楽しむオリーブ～栽培・利用加工～／柴田英明編（創森社）
おいしいオリーブ料理／木村かほる（創森社）

## ◆インフォメーション（本書内容関連）　2023年6月現在

**埼玉福興（株）**
〒360-0203 埼玉県熊谷市弥藤吾2397-8
TEL 048-588-6118　FAX 048-588-8178
http://saitamafukko.com/

**（公社）全国障害者雇用事業所協会**
〒104-0032 東京都中央区八丁堀3-11-11　エクセルビル６階
TEL 03-6280-3627　FAX 03-6280-362

**関東ブロック障害者就農促進協議会**
〒330-9722 埼玉県さいたま市中央区新都心2-1　さいたま新都心合同庁舎２号館
農水省関東農政局農村振興部農村計画課
TEL 048-600-0600（代表）　FAX 048-740-0082

**（一社）日本農福連携協会**
〒102-0083 東京都千代田区麹町3-5-5　サンデンビル６階Ｂ室
TEL&FAX 03-6272-8839

**（一社）農福連携自然栽培パーティ全国協議会**
〒470-0376 愛知県豊田市高町東山7-43
TEL 0565-45-7883　FAX 0565-45-7886

**（公社）日本農業法人協会**
〒102-0084 東京都千代田区二番町9-8　中労基協ビル１Ｆ
TEL 03-6268-9500

**（一社）日本オリーブオイルソムリエ協会**
〒104-0031 東京都中央区京橋3-4-1　高井ビル
TEL 03-3271-0808

●**新井利昌**（あらい としまさ）
埼玉福興㈱代表取締役。NPO法人Agri Firm Japan理事長。

1974年、埼玉県生まれ。知的障がい者生活寮「年代寮」寮長などを務めながら大学を卒業し、1996年に父親とともに埼玉福興㈱を設立し、農業への異業種参入を実現し、同社を農業法人化。障がい者とともに野菜の水耕栽培、露地栽培、オリーブの栽培・利用加工などを手がけ、ソーシャルファームという新しい概念で社会的就労困難者の働く場を創出している。

2009年、埼玉県とソーシャルファーム推進に向けた実証モデル事業連携を実施。2014年、埼玉県障障害者農業参入チャレンジ事業に参画。2016年、国際オリーブオイルコンテスト金賞受賞。ソーシャルファーム、農福連携についての取り組みが注目され、各方面から視察者などを受け入れている。

（公社）全国障害者雇用事業所協会常務理事、農水省関東農政局・関東ブロック障害者就農促進協議会会長、（一社）日本農福連携協会理事などを務める。

著書に『農福連携による障がい者就農』近藤龍良編著、『自然栽培の手引き』のと里山農業塾監修（ともに分担執筆、創森社）。


〈まとめ協力〉

古庄弘枝（こしょう ひろえ） 大分県生まれ。ノンフィクションライター。著書に『見えない汚染「電磁波」から身を守る』（講談社）、『スマホ汚染 新型複合汚染の真実！』（鳥影社）など

農福一体のソーシャルファーム～埼玉福興の取り組みから～

2017年11月20日 第1刷発行
2023年7月5日 第2刷発行

著　者――新井利昌
発行者――相場博也
発行所――株式会社 創森社
〒162-0805 東京都新宿区矢来町96-4
TEL 03-5228-2270 FAX 03-5228-2410
https://www.soshinsha-pub.com
振替00160-7-770406
組　版――有限会社 天龍社
印刷製本――中央精版印刷株式会社

 ISBN978-4-88340-319-6 C0061

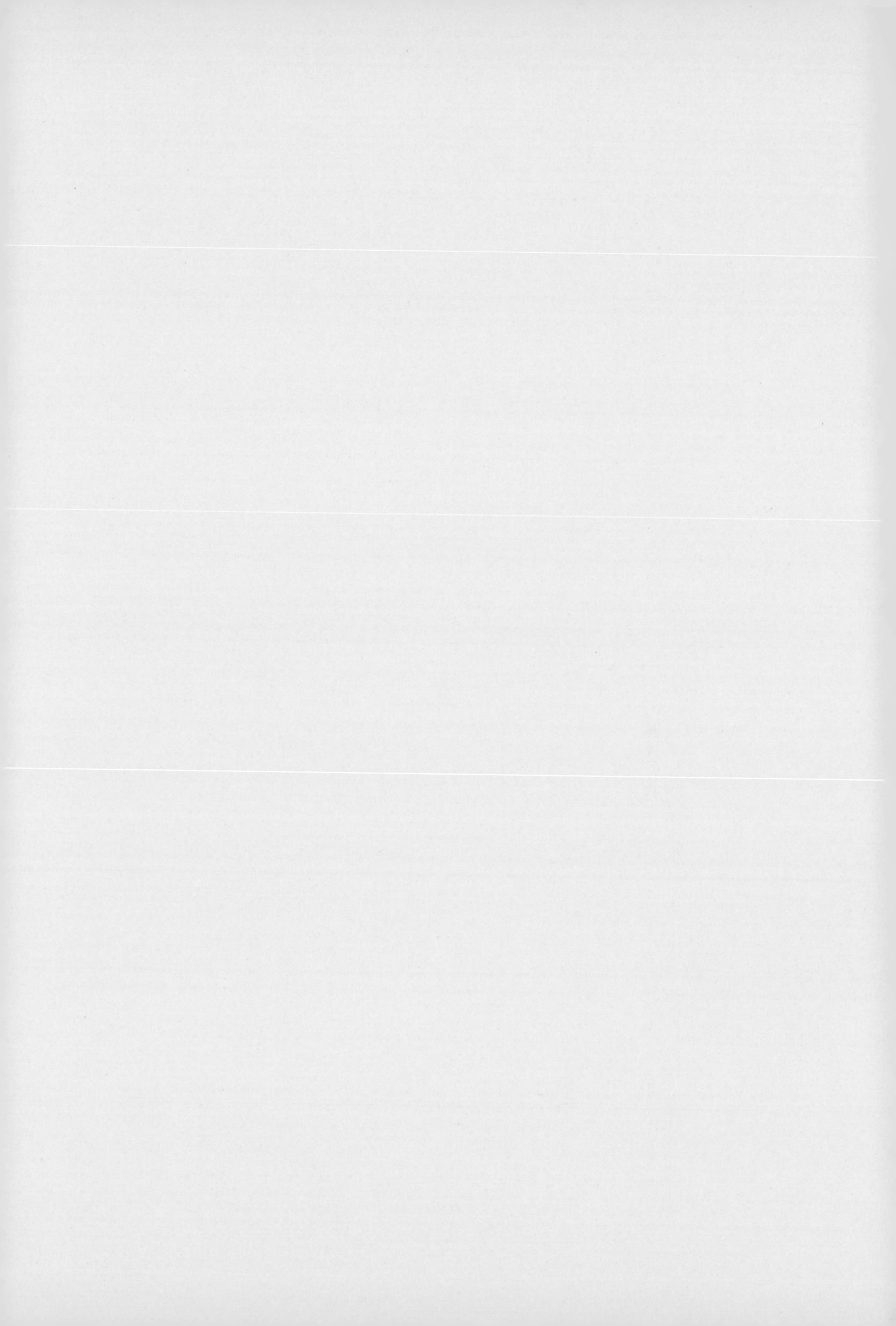